编写高性能的.NET代码

[美]Ben Watson 著
戴旭 译

人民邮电出版社
北京

图书在版编目（CIP）数据

编写高性能的.NET代码 / （美）沃森（Ben Watson）著；戴旭译. -- 北京：人民邮电出版社，2017.8（2023.7重印）
ISBN 978-7-115-46191-9

Ⅰ. ①编… Ⅱ. ①沃… ②戴… Ⅲ. ①网页制作工具—程序设计 Ⅳ. ①TP393.092.2

中国版本图书馆CIP数据核字(2017)第168453号

版权声明

◆ 著　[美] Ben Watson
译　戴　旭
责任编辑　陈冀康
责任印制　焦志炜

◆ 人民邮电出版社出版发行　北京市丰台区成寿寺路 11 号
邮编　100164　电子邮件　315@ptpress.com.cn
网址　http://www.ptpress.com.cn
北京天宇星印刷厂印刷

◆ 开本：800×1000　1/16
印张：14.75　2017 年 8 月第 1 版
字数：308 千字　2023 年 7 月北京第 7 次印刷

著作权合同登记号　图字：01-2016-5095 号

定价：59.00 元

读者服务热线：(010)81055410　印装质量热线：(010)81055316
反盗版热线：(010)81055315
广告经营许可证：京东市监广登字 20170147 号

内容提要

本书详细介绍了如何编写高性能的.NET 程序，以使得托管代码的性能最大化的同时，还能保证.NET 的特性优势。

本书循序渐进地深入.NET 的各个部分，特别是底层的公共语言运行时（Common Language Runtime，CLR），了解 CLR 是如何完成内存管理、代码编译、并发处理等工作的。本书还详细介绍了.NET 的架构，探讨了编程方式如何影响程序的整体性能，在全书中，还分享发生在微软的一些趣闻轶事。本书的内容偏重于服务器程序，但几乎所有内容也同样适用于桌面端和移动端应用程序。

本书条理清楚，言简意赅，适合有一定.NET 基础的读者和想要提高代码性能的 C#程序员学习参考。

作者简介

Ben Watson 从 2008 年开始就已经是微软的软件工程师了。他在必应（Bing）平台的研发团队工作时，建立了一套世界一流、基于.NET 的高性能服务应用，足以应付几千台电脑发起的大容量、低延迟请求，用户数量高达几百万。他在业余时间喜欢参加地理寻宝游戏、阅读各种书籍、欣赏古典音乐，享受与妻子 Leticia、女儿 Emma 的欢聚时刻。他还是《C# 4.0 How-To》一书的作者，该书已由 Sams 出版。

译者简介

戴旭，1973年生，浙江萧山人，西安建筑科技大学计算机应用学生，杭州电子科技大学软件工程硕士，高级项目管理师。QQ：82429536

技术编辑简介

Mike Magruder 早在 20 世纪 90 年代就已是一名软件工程师了。他曾在.Net Runtime 的研发团队中参与第 1 版到第 4 版的研发工作。在为必应平台工作时，他负责架构了一套世界一流、基于.NET 的高性能服务应用。业余时间他热爱单板滑雪，喜欢自制滑雪板，当然还乐于和妻子 Helen 消磨闲暇时光。

致谢

感谢我的朋友、技术编辑 Mike Magruder，感谢他对本书提出的宝贵意见。特别要感谢他在微软当了我 3 年的导师，这改变了我的职业生涯，让我的技术精进百倍。

我十分感谢 Maoni Stephens 的深度辅导，她针对垃圾回收部分给了我很多意见和指导。我还要感谢 Abhinaba Basu 提供的 Windows Phone CLR 信息，以及 Brian Rasmussen 的一些反馈。

如果没有与姐夫 James Adams 的一次偶然聊天，我就不会开始本书的写作，就是那次闲聊才让我真正考虑去写这么一本书。感谢我的爸爸 Michael Watson 和妻子 Leticia，他们花了大量时间反复阅读文稿，俨然就是我的校对。

特别感谢 Leticia，还有我的女儿 Emma。为了支持我完成本书，Emma 放弃了很多我的陪伴。要是没有她们的支持和鼓励，我是不可能完成这项工作的。

前言

本书的目标

.NET 是一套令人惊叹的软件开发系统，它可以让我们在很短的时间内建立起功能强大、保持联线的多个应用程序，而在此之前我们得花费特别多的时间才能完成。它能完成的工作非常多，这真的很棒。它向应用程序提供内存，支持类型安全性，提供高可靠的 Framework 库，并拥有自动内存管理等众多特性。

用.NET 编写的程序被称为托管应用程序，因为它们依赖于“运行时”（Runtime）和 Framework。Framework 维持着很多关键任务的运行，确保应用程序有基本可靠的运行环境可用。与直接调用操作系统 API 的非托管应用或原生应用不同，托管应用程序对其所属进程没有自由控制权。

有些开发人员认为，这个位于应用程序和计算机处理器之间的托管层，必定会显著增加开销，所以他们会有些顾虑。本书会让你放下心来，用证据说明这点开销是值得的，想象中的性能下降往往是夸大其辞。通常，归咎于.NET 的性能问题，实际上都是由于编程模式不佳，或者是缺少.NET Framework 环境的程序优化技能。那些在 C++、Java 或 VB 编程时多年积累下来的程序优化技能，并不一定都能适用于托管代码，有些方法其实是适得其反。有时候，.NET 的快速开发特性会使得人们能够更迅速地编写出臃肿、缓慢、缺乏优化的代码。当然，导致代码质量低下的原因还有很多：编程水平有限、赶进度、不良设计、缺少人手、偷懒等。本书将让不熟悉.NET Framework 不再成为理由，并且还试图解决一些其他问题。按照本书介绍的原则，你可以学到如何开发精炼、快速、高效的应用程序，避免前面提到的那些失误。不论什么类型的代码，也不论采用什么平台，有一点总是对的：要想得到高性能的代码，只有靠不断努力。

本书既不是语言参考手册，也不是教程，甚至都没有详细讨论 CLR。这些内容都在其他资料中有介绍（参见附录 C 参考文献，那里列出了很多有用的书籍、人士、博客，以供参考）。要想从本书获得最大的收益，需要对.NET 阅历颇深。

本书有很多示例代码，特别是有一些底层实现是用中间语言（IL）或汇编语言编写的。强烈建议你不要略过这些内容。在阅读本书的过程中，你应该尝试重现我的这些结果，这样才能真正理解这些代码的运行过程。

本书将教你如何让托管代码的性能最大化，同时不牺牲或尽量少牺牲.NET 的特性优势。你将学到良好的编码技术，知道应该避免哪些做法。最重要的也许就是，学习利用免费的工具来方便地评估程序的性能。本书的教学方式条理清楚，只讲必要内容，言简意赅，没有废话。大部分章节一开始是知识点和背景的总体介绍，然后是具体的实现技巧，最后讲解多种场景下的性能评估和调试过程。

你将循序渐进地深入学习.NET 的各个部分，特别是学习底层的公共语言运行时（Common Language Runtime，CLR），了解它是如何完成内存管理、代码编译、并发处理等工作的。你将会了解.NET 的架构，它既要让程序正常运行，又要安全、可控。你还将知道编程方式将会极大地影响程序的整体性能。作为额外奉送，我将分享过去 6 年来发生在微软的一些趣闻轶事，那时我们正在搭建一些庞大、复杂、高性能的.NET 系统。你也许会注意到，本书的内容偏重于服务器程序，但其实几乎所有内容也同样适用于桌面端和移动端应用程序。我会适时给出每个优化技巧所适用的平台。

你将充分了解.NET 架构和高性能编码原则，这样当你陷入本书内容未涉及的境况时，你也照样可以运用这些知识解决未知的问题。

.NET 环境下的编程，与其他环境并没有太大区别。你仍然需要具备算法知识，大部分的标准编程思路也都类似，但我们要讨论的是性能优化问题。如果你以前采用的是非托管编程模式，那就有很多差异需要你去注意。你可能再也不用显式地调用 delete 了（万岁!），但如果想获得极佳的性能，你最好要了解垃圾回收器对应用程序的影响。

如果你的目标是高可用性，那你多少都需要关心一下 JIT 编译过程。如果你用到了泛型系统，那就可能要考虑接口的分发（Dispatch）问题。.NET Framework 类库自带的 API 有没有问题？会不会对性能造成负面影响？多种线程同步机制之间是否有优劣之分？

除了单纯的代码之外，我还会适时讨论一些性能评估技术和流程，帮助你和你的团队建立追求性能的习惯。好的性能无法一蹴而就，必须持续改进和关注才能永不退化。如果能花些代价搭建一个良好的性能测试平台，日后将会获得丰厚的回报，因为你可以让大部分性能维护工作都自动进行。

归根结底，你能对程序做出多少性能优化，不仅直接取决于你对自己的代码有多了解，还包括你对底层框架、操作系统、硬件环境的理解程度。这一点对于任何编程平台都是一样的。

本书所有的示例代码都是用 C#、底层 IL 和极少量 x86 汇编语言编写的，但这些原则完全适用于任何.NET 语言。本书均基于.NET 4 及以上版本。如果你的环境与此不符，强烈建议升级到最新版本，以便充分利用最新技术、特性、错误修正，以及性能的提升。

我不会讨论.NET 的一些子框架，比如 WPF、WCF、ASP.NET、Windows Form、MVC、ADO.NET 等。当然这些子框架都有自己的议题和性能优化技巧，本书只涉及基础知识和技术，也就是在所有.NET 开发场景下都必须掌握的内容。只要掌握了这些基本功，你就可以将其运用到所有开发项目中，等积累了一定经验后可再加入特定领域的知识。

为什么要选用托管代码

选择托管代码而不是非托管代码的原因有很多。

- 安全性——编译器和 Runtime 会强行保证类型安全(对象只能按真实的类型使用)、内存边界检查、数值溢出检测、权限检测等。再也不会发生由内存访问冲突或非法指针引起的堆内存数据损坏问题。
- 全自动的内存管理——再也没有 delete 操作和引用计数了。
- 更高级别的抽象——生产力更高、漏洞更少。
- 更先进的语言特性——委托、匿名方法和动态类型。
- 庞大的现成代码库——Framework Class Library、Entity Framework、Windows Communication Framework (WCF)、Windows Presentation Foundation (WPF)、并行任务库等。
- 易扩展性——利用反射机制，延迟绑定（Late-bound）的功能模块能轻松地实现动态调用，满足可扩展架构的要求。
- 强大的调试特性——每个“异常”[①]（Exception）都附带了大量的关联信息。每个对象也都携带了相关元数据，调试器可以详细分析堆内存和堆栈内存，通常都不需要用到调试符号文件（PDB）。

所有这些特性都说明了一点，你可以快速写出更多的代码，而且错误也更少。错误诊断也变得更为容易。正因为这些优点，托管代码应该成为你的第一选择。

.NET 还鼓励你使用标准框架库。在本机代码环境下，很容易分别陷入多个开发环境中，因为要用到多个框架库(例如 STL、Boost、COM),或者各种类型的智能指针(Smart Pointer)。在.NET 环境下，使用多个框架库的种种理由都不复存在了。

虽然代码“一次编写、到处运行”的终极承诺，好像一直是个白日梦，但它正在一步步成为现实。.NET 现在已经支持可移植类库（Portable Class Libraries），你可以只用一个类库为多个平台开发应用程序，如 Windows、Windows Phone 和 Windows Store。关于跨平台开发的更多信息，请参阅 http://www.writinghighperf.net/go/1/。随着.NET 版本的不断升级，通用于多个平台的系统 API 将会越来越多。

托管代码拥有众多优点，如果你还想用本机代码实现项目，那请认真给出充分的理由。你真的可以获得预期的性能提升吗？即时编译生成的代码真的会导致性能受限吗？你能写出快速原型系统来证明吗？你能撇下所有.NET 特性来完成任务吗？在一个复杂的本机代码应用中，你可能会发现得自己去实现某些.NET 的特性。你一定不想陷入重复劳动的境地。

有一种情况可以考虑使用本机代码，而不是托管代码，这就是需要使用完整的处理器指令集，特别是某些用到了 SIMD（Single Instruction Multiple Data）指令的高级数据处理程序。不过这种情况也在改变。请阅读第 3 章，了解 JIT 编译器未来版本的能力。

使用本机代码的另一个原因就是，仍需使用大量的已有本机代码库。在这种情况下，你可以考虑在新老代码之间建立接口。如果能把新老代码的关系定义成清晰的 API，那就可以

① Exception 译为“异常”已是共识，因此作为特定称谓时，会加上引号。

让新代码都成为可托管的，与本机代码的交互可以通过简单的接口层来实现。然后你可以逐步把本机代码迁移成托管代码。

托管代码比本机代码慢吗

世上令人遗憾的观念有很多。很不幸，其中有一条就是，托管代码不够快。但这不是真的。比较接近真相的说法是：如果你不够严谨，.NET 平台能让你轻松写出性能低下的代码。

在用 C#、VB.NET 或其他托管语言编写代码时，编译器会把高级语言翻译成中间语言（IL）和与自定义类关联的元数据。在运行时，这些中间代码会被即时编译（JIT）。也就是说，在第一次执行方法时，CLR 会把 IL 代码提交给编译器，以转换成汇编代码（x86、x64、ARM 等）。

大部分的代码优化工作就在这一阶段进行。第一次运行时，的确会发生固定的性能损耗，但之后就一直会调用编译后的版本。后面我们将看到，必要时可以针对首次运行损耗采取多种措施来提高性能。

托管应用的稳态性能（Steady-state），取决于以下两点。

1．JIT 编译器的质量。

2．NET 服务的运行开销。

除少数情况外，即时编译所生成代码的质量一般都是很高的，而且质量还一直在进步，特别是近段时间以来。

.NET 提供的服务并非不需要开销，但比你预想的要低。想把这类开销降到零是没有必要的（这也不可能）。只要降到足够低，使得影响程序性能的其他因素变得更为明显就可以了。

事实上，有些时候你会发现托管代码会带来明显的性能收益。

- 内存分配——堆内存的分配不再是问题了，而本机代码应用则不然。垃圾回收过程确实会消耗一些时间，但即便是这点开销也大都能免除，这有赖于应用程序的配置参数。请参阅第 2 章，了解垃圾回收的特点和参数配置。
- 内存碎片——对于长时间运行的大型本机代码应用而言，内存碎片是个普遍问题。随着时间的推移，碎片问题必定会越来越严重。对于.NET 应用程序而言，这不算是个大问题，因为垃圾回收机制会对堆内存进行碎片整理。
- 经 JIT 编译的代码——因为代码在执行时要经过 JIT 编译，所以它们在内存中的位置可以比本机代码更为优化。存在关联的代码常常会被放在一起，很可能就置于同一个内存页中。这样触发缺页中断（Page Fault）的机会就会减少。

在绝大多数场合，“托管代码比本机代码慢吗？”的答案一定是“否”。当然，肯定存在一些场合，托管代码无法逾越运行环境的一些安全约束而影响性能。这种情况远比想象中的要少，而且绝大部分应用程序都无法得到明显改善。在大部分情况下，性能的差异言过其实。请阅读第 3 章（JIT 编译）了解这些特定的场合。

有一种现象非常普遍，就是来回穿插地调用托管代码和本机代码，其实这是一种蹩脚的编程方式。这样就无法妥善管理内存，不能应用良好的编程模式，无法应用 CPU 缓存策略，还不利于提高性能。

真的失去控制权了吗

在反对使用托管代码的理由中，有一条十分常见，就是似乎让你失去了太多对程序运行的控制权。这是一种对垃圾回收过程的恐惧，因为看似是随机发生的，时间不定。然而，实际并非如此。垃圾回收行为是确定的，通过对内存分配模式、对象作用域、垃圾回收配置参数的调控，你可以明确指定其运行时机。虽然控制的方式与本机代码不同，但控制能力依然存在。

善用而非抵触 CLR

初次接触托管代码的人，常把垃圾回收器或 JIT 编译器视为不得不“面对”“接受”或想“躲避”的东西。这种看法是错误的。在任何系统中，想要大幅提高性能都需要专门的调优方法，不管使用什么框架都一样。无论缘于何种原因，都不要错误地把垃圾回收器和 JIT 视作不得不去挑战的“问题”。

随着你慢慢习惯 CLR 对程序执行过程的管理，你会意识到，只需善用 CLR 就能让性能大幅提升。所有框架的设计初衷都希望能被善加利用，.NET 也不例外。但是很不幸，这些设想往往不能被清晰地表达出来，API 不会也不能阻止你做出错误的选择。

在本书中，我花了大量篇幅来解释 CLR 的工作机制，这样你选用了托管代码后就能更加充分地与之合作。对于垃圾回收行为尤其如此，它的性能优化有着非常明确的规则。如果忽视这些规则，就会后患无穷。按系统规则进行优化，你就更有可能获得成功。而如果强行要求系统按照你的意愿行事，或者更糟糕地完全抛开它，那就难说了。

在某种程度上，CLR 的有些优点也是双刃剑。易用的 profiling 记录、足量的文档、丰富的元数据和 ETW 事件查看器，这些都有助于快速定位问题。但眼前的东西越多，你就越会轻易地做出责任认定。本机代码程序可能存在的问题大都比较类似，比如堆内存分配问题、线程的低效使用等。但因为这些问题不太容易被察觉，所以往往不会被认为是本机开发平台的问题。在托管代码和本机代码共存的情况下，程序常常会出错。为了更好地适应底层平台，就需要修正代码。请不要因为错误易于发现，就误认为整个平台都有问题。

综上所述，并不是说 CLR 一点问题都没有，但出了问题首先应当考虑的一定是程序本身，而不应该是 Framework、操作系统或者硬件。

性能优化的层级

软件的性能优化需要考虑很多因素，关注点不同，考虑的内容也不一样。对于.NET 应用程序而言，可以分 4 个层面来考虑性能优化问题，如图 1 所示。

顶层是你自己编写的软件，即数据处理算法。所有性能优化工作首先得从这里开始，因为这里是最具优化潜力的地方。代码的变动会引起下面几层因素的剧烈变化，因此要首先保证这一层完美无误，然后再往下走。这条经验法则与以下软件调试原则有关：经验丰富的程序员总是假定是自己的代码有误，而不是去归咎于编译器、平台、操作系统或硬件。这无疑也适用于性能优化工作。

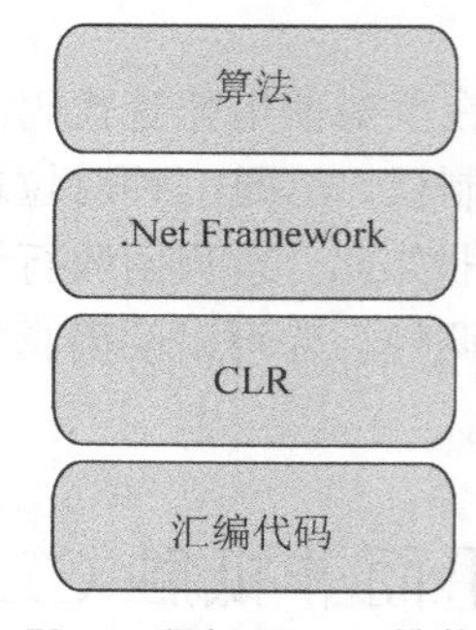

图 1　层级图——性能优化的优先级

自编代码的下一层是.NET Framework，也就是由微软和第三方公司提供的类库，里面实现了一些标准功能，如字符串、集合（Collection）、并行机制，甚至还有 WCF、WPF 等相对完整的子 Framework。.NET Framework 提供的功能你或多或少总会用到一些，但其他大部分独立类库则不一定。.NET Framework 本身绝大部分都是用托管代码实现的，与你自己编写的程序一样（你可以在 http://www.writinghighperf.net/go/2 中在线阅读框架的源代码，或是在 Visual Studio 中读到）。

Framework 类的下面，是.NET 真正的运行部分 CLR。它的组件既有托管代码编写的，又有非托管代码编写的，提供了垃圾回收、类型加载、JIT 编译和其他所有.NET 特性的支持。

再往下就是操纵硬件的代码了。一旦 CLR 对代码完成了 JIT 编译，实际上就在运行处理器级别的汇编代码。如果用本机调试程序通过断点进入到托管进程，你会发现正在运行的就是汇编代码。所有的托管代码都会成为普通的机器汇编指令，而且是在稳如磐石的 Framework 上下文中运行。

再次重申，在做性能优化计划或研究时，应该自上而下地进行。先确保程序结构和算法的合理性，再往下面几层推进。宏观的优化（macro-optimization）总是比微观优化（micro-optimization）更加有效。

本书重点关注中间两层：.NET Framework 和 CLR。这两层一起维持着程序的运行，往往也是程序员最难看清的地方。当然，我们介绍的很多工具是适用于所有层级的。在本书的最后，我将介绍一些实践过程，按照那些步骤你可以从系统的各个层面提高性能。

请记住，虽然本书中涉及的信息都是公开的，但因为介绍了一些 CLR 的内部实现细节，这些实现细节可能随时会发生变化。

示例代码

本书经常会提到一些示例项目。这些项目都很小，只是为了演示某个特定的优化原则。它们都是一些简单的示例，无法充分代表你所面临的性能问题的全部环境。因此请把它们作为优化技术或者研究的一个起点，而不要当成是正式的代码范例。

在本书的网站 http://www.writinghighperf.net 或 www.epubit.com.cn 可以下载到全部代码。开发环境是 Visual Studio Ultimate 2012，但用其他版本打开和编译也毫无问题。

封面为什么选用齿轮图案

最后，我想简单介绍一下封面。在写这本书之前，我就已经想好了这个齿轮图案。我一直认为，要想充分发挥性能，就应该像钟表的齿轮装置那样运作，而并不完全是追求速度。虽然速度是很重要的一个方面。你编写的程序不仅要高效地完成自己的任务，还得和.NET及其内部各个部件、操作系统、硬件紧密合作。通常，正确的做法就是保持应用程序流畅运行，尽量减少中断，确保不会执行任何干扰整个系统运作的工作。这一原则无疑适用于垃圾回收和异步线程模式，但同样也适用于 JIT 编译、日志记录等场合。在阅读时请记住这个关于齿轮的比喻，这将有助于理解本书的各个主题。

目录

第 1 章　性能评估及工具

1.1　选择评估内容

在收集性能数据之前，你需要知道评估的内容是什么。听上去这显而易见，但实际上涉及面远比想象的要广泛得多。就拿内存来说，很显然需要评估内存的占用情况，以便减少内存消耗。但要查看哪类内存呢？专用工作集内存（Private Working Set）、提交大小（Commit Size）、页面缓冲池（Paged Pool）、峰值工作集（Peak Working set）、.NET 堆内存大小，还是大对象堆内存（Large Object Heap，LOH）？为了保证负载的均衡，是否要查看各个处理器的堆内存？是否还需要关心其他类型的内存？为了跟踪一段时间内的内存占用情况，是否需要知道每小时的平均值和峰值？内存的占用是否和系统负载相关？现在你明白了吧，光是针对内存，就能轻易地列出一大堆指标。而且目前我们还没有涉及私有堆内存（Private Heap），也没有对程序本身进行评估，还不知道都是哪些对象正在消耗内存呢。

请尽可能明确地描述评估内容。

> **故事**
>
> 我曾经负责过一个大型的服务程序，当时我把进程专有内存的大小作为关键的性能指标，根据它来决定是否要在启动内存需求很高的大型任务之前重启进程。这导致了大量的"专有内存"被交换出去，对降低系统的内存负载毫无意义，而我们真正的目标就是要降低内存的负载。我们后来修改了评估系统，转而评估工作集内存，这才产生了效果，把内存占用量减少了几个 GB（我说过这是一个大型应用）。

一旦确定了需要评估的内容，接下来就是选择每个指标的目标值。在开发阶段初期，这些目标值可能比较易变，甚至不可能知道。其实在初始阶段不需要满足这些目标值，但这能迫使你建立一套评价体系，依据这些值来自动评估你的工作。这些目标值应该是可量化的。我们对程序的较高要求也许就是要"快"，当然这没错。但这不算是一个很好的指标，因为"快"比较主观，没有什么明确的途径来判断是否达标。你必须能把目标定义成某个数字，而且是可测量的数字。

差的目标：用户界面应该响应迅速。

好的目标：任何操作都不会阻塞 UI 线程超过 20 ms。

但只是能被量化还不够，还需要十分精确，正如前面的内存优化案例中所述。

差的目标：内存占用应该小于 1 GB。

好的目标：当负载为每秒 100 个请求时，工作集内存的占用不能超过 1 GB。

第二个版本的目标值给定了非常明确的前提条件，你可以明确知道是否满足需求。实际上，这已给出了一个良好的测试用例。

目标值中的另一个决定因素是应用程序的类型。带有用户界面的程序必须不惜一切代价保证 UI 线程的响应能力，无论执行任何任务时都应如此。而服务器端程序每秒要处理几十、几百，甚至几千个请求。它必须非常高效地完成 I/O 操作和数据同步，以保证吞吐量和 CPU 利用率的最大化。因此服务器端程序的设计完全不同于其他程序。如果某个应用程序的基础架构先天不足，对效率问题考虑欠佳，那么再回头去修正就很难了。

在设计系统和规划性能评估方案时，有一条经验也许很有用，那就是设想一下理论上的最佳性能。如果你能去掉其他所有开销，比如垃圾回收、JIT、线程中断，以及其他任何你能想到的开销，然后还能剩下什么资源用来干活呢？对于负载、内存占用、CPU 占用、内部同步等资源，你能想到的理论极限是多少？这通常依赖于程序所处的硬件和操作系统。比如，有 1 台 16 个处理器、64GB 内存的服务器，带有 2 条 10GB 的网络，你需要估计一下最大并行处理能力、内存中最多能存放多少数据，以及每秒的网络吞吐量是多少。这能帮助你作出规划，假如 1 台服务器不够用，那到底需要多少台同档次的机器。所有这些信息都是性能评估目标的绝佳来源。

你大概听说过一个说法："过早的优化是万恶之源"，这是由 Donald Knuth 首先提出的。这句话仅适用于代码层面的微观优化。在设计阶段时，你需要理解整体架构和约束条件，不然你就会遗漏一些关键点，这将严重制约程序的运行。你必须在设计阶段就把性能目标预先考虑进去。

在软件设计阶段，就得考虑安全性等很多方面的问题。性能问题也一样，不能事后再议，必须从一开始就提出明确的目标。要想从头开始把一个已有的应用程序重新设计一遍，这是不可能的，这比一开始就考虑周全要付出多得多的代价。

在项目初始阶段的性能分析，与开发完成即将进入测试阶段的分析是不一样的。在初始阶段必须得保证设计的灵活性，确保技术路线在理论上能完成任务，确保在架构上没有大的问题以免除后患。一旦项目进入测试、部署和维护阶段，就得把更多的精力投入微观优化、具体代码方式的分析、减少内存占用等工作。

最后，你还需要了解阿姆达尔定律（Ahmdals's Law，参见 http://www.writinghighperf.net/go/3 [PDF]），特别是其应用于顺序执行程序的情况，以便能找到哪部分程序是需要优化的。那些不能明显改善整体性能的微观优化，多半是在浪费时间。为了获得最佳效果，应该优先优化那些效率最低的部分。优化永远不可能面面俱到，得有一个明智的起点。因此，准备好优化目标，再有一套优秀的评估系统，这些都是十分重要的。不然你连从哪儿开始都不知道。

1.2 平均值还是百分位值

在选择评估值时，需要考虑用什么统计值才合适。多数人会优先选用平均值。当然大部分情况下这确实是个重要指标，但还应该考虑一下百分位值。如果对程序的可用性有要求，肯定会用到百分比形式的性能指标。比如，“数据库请求的平均延迟必须少于 10 ms，95%以上的数据库请求延迟必须少于 100 ms。”

你可能对这个概念不大熟悉，其实它相当简单。假定测了 100 次，并对结果排序，第 95 条结果就是本次结果数据的 95%百分位值。95%百分位值的意思是：“采样数据中有 95%的值小于等于这个值。”

换句话说，“5%的请求高于此值。”

对已排序数据集的第 P 个百分位值的计算公式为：$(P/100) \times N$，这里 P 为百分位值，N 为数据个数。

假定测得以下由 0 代垃圾回收导致的暂停服务时间（参见第 2 章），单位为毫秒（ms，已排序）：

1、2、2、4、5、5、8、10、10、11、11、11、15、23、24、25、50、87。

这里有 18 个样本数据，平均值为 17 ms，但 95%百分位值远大于 50ms。如果只看平均值，你也许不会注意到垃圾回收引起的延时问题，但有了百分位值，判断就更加全面。你会发现垃圾回收过程有时候的性能会很差。

这些数据还表示，中间值（50%百分位值）与平均值的差距相当大。那些占比高的数值，对平均值的影响往往较大。

对于可用性要求很高的服务，百分位值通常要重要得多。可用性要求越高，需要跟踪评估的百分位值就越高。一般 99%就能满足需求了，但如果真的需要处理海量请求，99.99%、99.999%，甚至更高的数值也是必要的。一般需要多高的百分位值，取决于业务需求而不是技术。

百分位值能让你了解到完整运行环境下性能指标的下降情况，因此它是很有价值的。即使平均起来用户和请求的响应情况都还不错，但 90%的百分位指标表示性能也许还有提升的空间。这表示 10%的操作受到了性能制约。通过对多个百分位值的跟踪，你就会知道这种性能下降发生得有多快。这种用户和请求的响应百分位值到底有多重要，最终取决于业务需求，这里确实存在“回报递减”（Diminishing Returns）法则。要获得最后 1%的提升可能非常困难，付出的代价也会极其高昂。

我说过，在上面的数据中 95%百分位点是 50ms。当然从技术上说，此例中的这个数值毫无用处，因为样本数据太少，不具备统计学意义，也许这次只是偶发现象。可以用一条经验法则来确定所需的样本数：比目标百分位值高 1 个数量级。对于 0～99%至少需要 100 个样本，对于 99.9%至少需要 1000 个样本，对于 99.99%则至少需要 10 000 个样本，依此类推。该法则在大部分情况下是有效的，但如果你想从数学角度了解到底需要多少样本数才够用，可以从 http://www.writinghighperf.net/go/4 开始学习。

1.3　评估工具

如果非要说出本书最重要的一条法则来，那就是：

评估、评估、再评估！

如果没有精确评估过，你是不会知道性能问题出在哪里。

你确实可以只靠查看代码或者直觉获得很多经验，也会获得一些哪里存在性能问题的强烈暗示。你甚至会找对地方，但请彻底打消省略性能评估的念头，除非是些微不足道的问题。原因有两个。

第一，假定你是对的，你确实精确地找到了性能问题所在。你也许想知道程序性能到底提高了多少，对吧？有了扎实的数据作支撑，你的优化成就将会稳固很多。

第二，我不清楚出错的频率有多高。举个例子，有一次在分析本机进程内存和托管内存时，我们一直认为性能问题是出在一个需要加载大量数据的地方。我们没有让开发人员设法减少内存的占用，而是试着禁止加载组件。我们用调试器把进程的所有堆内存信息都做了转储。让我们惊讶的是，大部分内存消耗都是由程序集的加载引起的，而不是因为数据太多。由此我们省了不少力气。

如果缺少有效的评估工具，性能的优化就毫无意义。

性能的评估是一个持续性的过程，在使用开发工具、测试程序、监视工具时都应该穿插进行。如果需要对程序的功能进行持续监测，那很可能就需要同时对性能进行监测。

本章接下来会讨论各种工具，用于配置、监视和调试性能问题。虽然我着重介绍的是免费软件，但还有很多商业软件可用，有时它们能简化调优工作。如果你有购买这些工具软件的预算，那就尽管去买吧。当然，使用我介绍的这些小工具（或是其他类似软件）还是很有意义的。至少有一点，它们在客户的机器或生产环境中很容易运行。更重要的是，它们都是“更贴近底层”（Closer to the Metal）的小工具，能让你深入理解问题的本质，帮助你分析数据，这些都是与使用什么工具无关的。

我会介绍每个工具软件的基本用法和常用背景知识。本书的各章中针对每个特定场景，都会给出详细的操作步骤。你对界面及基本操作的熟练程度，决定了你的理解程度。

提示

在深入学习具体的工具软件之前，有一个用好它们的诀窍，那就是循序渐进。如果在一个大型的、复杂的项目中尝试使用某个陌生的工具软件，不知所措、失败，甚至得到错误的结果，都是很有可能发生的。如果要学习用一个新工具软件来评估性能，请创建一个测试程序，它实现的功能得是众所周知的，然后用新工具来验证它的性能。这样，在更复杂的情形下，你就能更从容地使用这个工具了，出现技术和判断错误的可能性也会更小。

1.3.1 Visual Studio

虽然 Visual Studio 不是唯一的 IDE 环境，但绝大部分.NET 程序员都在用它。如果你也在用，从现在开始就能进行性能分析了。不同版本的 Visual Studio 自带了不同的性能分析工具。本书假定你至少是安装了专业版（Professional）。如果你手头的版本不对，那就略过以下内容，去看看本书介绍的其他工具吧。假如安装了专业版以上的 Visual Studio，你就可以在“分析”菜单下的“性能向导”菜单中找到性能分析工具，如图 1-1 所示。在 Visual Studio 2013 中，你必须先在“分析”菜单中开启“性能和诊断”视图，然后才能使用性能向导。

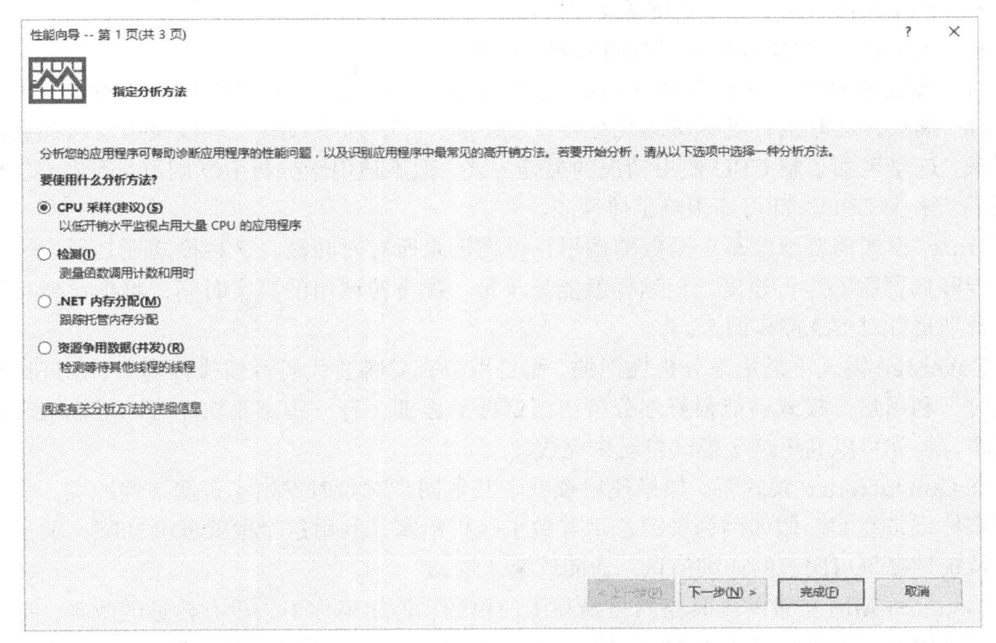

图 1-1　Visual Studio 性能向导中的分析选项

Visual Studio 可以对 CPU 占用、内存分配和资源争用情况进行分析。无论是在开发阶段，还是在整体测试阶段，都可以对产品进行精确分析。

然而，对生产环境下的大型应用进行性能指标的精确采集，这是非常少见的。如果需要在生产机上采集性能数据，也就是在客户或数据中心的主机上，那就需要一种能脱离 Visual Studio 运行的工具。这时可以使用 Visual Studio Standalone Profiler，在专业版以上的 Visual Studio 中都有附带，并需要从安装介质中单独安装。在专业版 Visual Studio 2012 和 2013 的 ISO 镜像中，它位于 Standalone Profiler 文件夹内。关于安装包的位置及安装方法的详细说明，请参阅 http://www.writinghighperf.net/go/5。

Visual Studio Standalone Profiler 采集数据的命令行如下。

1．进入安装文件夹（或者把该文件夹加入 path 变量中）。

2．运行命令："VsPerfCmd.exe /Start:Sample /Output:outputfile.vsp"。

3．运行需要分析性能的程序。

4．运行命令："VsPerfCmd.exe /Shutdown"。

这样就会生成一个名为 outputfile.vsp 的文件，可以在 Visual Studio 中打开它。VsPerfCmd.exe 还有很多其他参数，囊括了 Visual Studio 支持的所有分析类型。除了最常用的 Sample 参数之外，还可以选用：

- Coverage——收集代码覆盖率数据。
- Concurrency——收集资源争用情况。
- Trace——收集方法调用时间和调用次数。

有一点比较重要，就是选用 Trace 还是 Sample 模式，这取决于评估的内容。首选是 Sample 模式，这时执行过程每隔几毫秒就会中断一下，所有线程的堆栈使用情况都会被记录下来。这是全面了解 CPU 使用情况的最佳方式，但不适用于分析 I/O 调用。因为 I/O 操作消耗不了多少 CPU，却可能影响整体性能。

Trace 模式需要修改每个函数的调用，以便记录所有时间戳。这种模式更具侵入性，会进一步降低程序的运行速度。但这样就能记录每一次方法调用的真实时间，精确性就可能更高，特别是针对 I/O 操作而言。

Coverage 模式不是用来分析性能的，而是用于查看哪些代码行被执行到了。在进行产品测试时，利用这个模式就能很好地分析出测试覆盖程度。有一些商业软件可以帮你检查测试覆盖率，但你可以利用这个模式自己来完成。

在 Concurrency 模式下，如果使用锁或者其他同步对象时发生了资源访问冲突，将会把所有事件记录在案。假如因为资源争用导致了线程阻塞，利用这个模式就会知晓。关于异步编程及统计锁争用次数的详细信息，请阅读第 4 章。

Visual Studio 自带的工具当然是最易于使用的，但如果你手头没有合适的版本，那这些工具可不便宜。如果你用不上 Visual Studio，本书后续还会介绍许多免费的工具可供替代。几乎所有的性能评估工具都使用了相同的底层机制（至少在 Windows 8/Server 2012 以上版本中是这样），那就是 ETW 事件。

ETW 即 Event Tracing for Windows，是由操作系统提供的事件日志，速度很快，效率也很高。所有应用程序都会生成事件，探查器（Profiler）可以捕获这些事件进行各种分析。第 8 章介绍了如何在应用程序中充分利用 ETW 事件，包括捕获预置事件及定义自己的事件。

我常常喜欢使用其他的性能评估工具，特别是在生产环境下。因为 Visual Studio 自带工具太专业化了，每次只能收集并显示一种数据。而 PerfView 之类的工具则可以一次收集所有 ETW 事件，只要运行一次就能按类别分析全部事件。虽然这点不太重要，但很有意义。有时候我把 Visual Studio 的性能分析工具视为"开发阶段"（Development-time）工具，而其他工具则适用于生产环境。你的习惯也许并非如此，请按自己的方式使用这些工具，只要能取得最佳效果即可。

1.3.2 性能计数器

性能计数器是监测应用程序和系统性能的最简单方式。Windows 拥有几百个性能计数器，被归为几十个类别（Category），其中很多都是专用于.NET 的。查看性能计数器的最简单方式就是通过系统自带的工具“性能监视器”（PerfMon.exe），如图 1-2 所示。

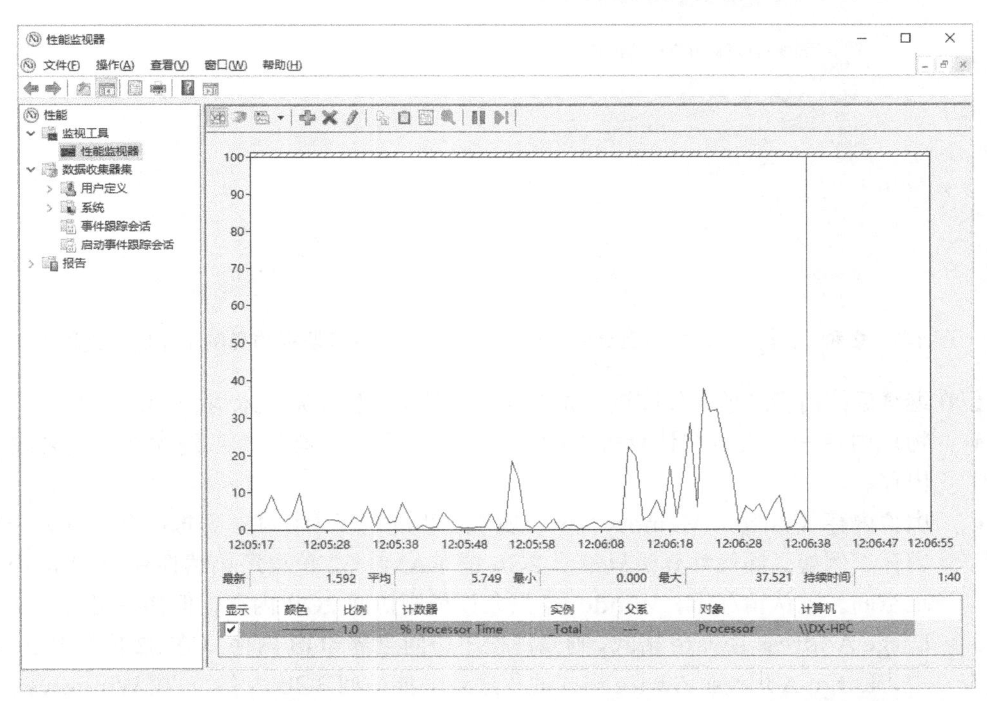

图 1-2　PerfMon 的主界面，显示了一段时间内的处理器计数器。竖线指示着当前监视值，默认满 100 s 从头开始绘制图形

每个性能计数器都带有所属 Category 和名称，很多计数器还可拥有多个实例。例如% Processor Time 计数器属于 Process 类，它的多个实例分别对应了当前存在的各个处理器。有些性能计数器还带有“元实例”（meta-instance），比如_Total 或 <Global>，代表所有实例的合计值。

本书很多章节将会首先介绍与该章内容有关的性能计数器，但还有一些不是专用于.NET 的通用计数器，也是需要你了解的。在 Windows 中几乎所有部件都存在对应的性能计数器，可供任何应用程序使用，如图 1-3 所示。

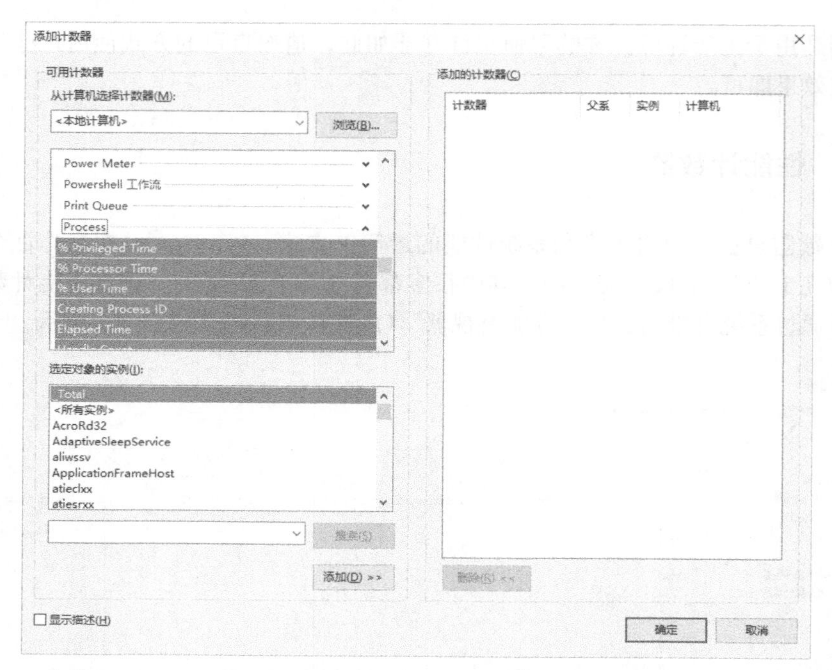

图 1-3　多种 Category、数以百计的计数器，显示了所有可监视的实例（此例为进程）

但在继续后续内容之前，你应该首先熟悉以下基本的操作系统术语。

- 物理内存——安装在计算机中的物理芯片内存。只有操作系统才能直接管理物理内存。
- 虚拟内存（Virtual Memory）——属于进程的逻辑内存块。虚拟内存可以大于物理内存。例如：即使计算机只带了 2GB 的 RAM，32 位程序仍然拥有 4GB 的内存地址空间。默认情况下，Windows 只允许程序访问 2GB 内存，但如果可执行文件为 Large Address Aware 格式，则允许程序访问全部 4GB 内存。（在 32 位的 Windows 中，Large Address Aware 格式的程序最多能访问 3GB 内存。）在 Windows 8.1 和 Server 2012 中，64 位处理器拥有 128TB 的地址空间，远远超过了 4TB 的物理内存限制。一部分虚拟内存可能位于 RAM 中，而剩余部分则以页面文件（Paging File）的形式存放在磁盘上。虚拟内存中连续的内存块，在物理内存中不一定是连续的。进程中的所有内存地址都是指虚拟内存。
- 保留内存（Reserved Memory）——在虚拟内存地址空间中为进程预留的地址段，且永远不会被分配。保留内存无法用于内存分配，因为它根本就不存在（只是一段内存地址）。
- 已提交内存（Committed Memory）——物理存在的一段内存，既可能位于 RAM 中，也可能是在磁盘上。

- 内存页（Page）——内存单位。每页包含了多个已分配的内存块，内存块的单位通常是 KB。
- 页面交换（Paging）——在多个虚拟内存区域之间交换内存页的过程。内存页既可能与其他进程交换（软交换，Soft Paging），也可能与硬盘交换（硬交换，Hard Paging）。软交换的速度可以非常快，只要把内存映射到当前进程的虚拟地址空间即可。硬交换则牵涉到速度较慢的硬盘数据交换。为了获得最佳性能，你的程序必须尽量避免触发硬交换。
- 调入内存页（Page In）——把内存页从其他地方送入当前进程。
- 调出内存页（Page Out）——把内存页从当前进程送出至其他地方，比如磁盘。
- 上下文切换（Context Switch）——保存和恢复线程或进程状态的过程。因为线程数目通常总是多于可用处理器数，所以往往每秒会发生多次上下文切换。
- 内核模式（Kernel Mode）——该模式下允许操作系统修改底层硬件参数，比如修改某些寄存器，或是启用/禁用中断。切换到内核模式需要调用操作系统 API，并且开销相当大。
- 用户模式（User Mode）——用于执行普通指令的非特权模式，此时无法修改系统底层参数。

上述的一些术语将在本书中会涉及，特别是在第 2 章讨论垃圾回收机制时。关于这些知识点的详细信息，请阅读专业的操作系统书籍，比如《Windows Internals》（参见附录 C 中的参考文献）。

通过每个处理器实例对应的计数器，Process 类计数器可以提供很多重要信息，包括：

- % Privileged Time——执行特权指令（内核模式）的时间开销。
- % Processor Time——应用程序占用单个处理器的百分比。如果应用程序占用了 2 个逻辑处理器，每个都是 100%，那么本计数器值将会是 200。
- % User Time——执行非特权指令（用户模式）的时间开销。
- IO Data Bytes/sec——I/O 数据量。
- Page Faults/sec——缺页中断总数。每当有一页内存不在当前内存工作集中时，就会触发缺页中断。重点是本数值既包含内存软缺页（Soft Page Fault），又包含内存硬缺页（Hard Page Fault）。软缺页对性能没什么大碍，可能是为了调取已加载但不属于当前进程的内存页（比如属于共享 DLL 的内存页）。硬缺页对性能的影响则要严重得多，因为这意味着数据位于磁盘而非内存中。不幸的是，你无法通过性能计数器跟踪每个进程的硬缺页情况，但可以利用 Memory\Page Reads/sec 计数器观察到整个系统的硬缺页情况。你可以将某个进程的缺页中断总数和系统的内存读取总页数（硬缺页）结合起来，进行关联分析。通过 ETW 跟踪 Windows Kernel/Memory/Hard Fault 事件，可以准确地跟踪某个进程的硬缺页情况。
- Pool Nonpaged Bytes——通常这部分内存是分配给操作系统和驱动程序的，用于存放不允许被页面交换出去的数据，比如线程和互斥锁（Mutex）之类的操作系统对象，以及自定义数据。

- Pool Paged Bytes——同样用于存放操作系统数据，但这些数据允许被页面交换出去。
- Private Bytes——某个进程专有的已提交虚拟内存（未与其他进程共享）。
- Virtual Bytes——进程地址空间内已分配的内存，有些可能是由页面交换文件提供的，有些是与其他进程共享的，还有些内存则是进程专有的。
- Working Set——当前驻留在物理内存（通常是 RAM）中的虚拟内存数量。
- Working Set-Private——当前驻留在物理内存中的进程专有内存数量（Private Bytes）。
- Thread Count——进程中的线程数，且与.NET 线程数无关。关于.NET 线程相关的计数器，请阅读第 4 章（异步编程）。

根据应用程序的不同需求，还有一些其他种类的计数器也很有用。你可以用 PerfMon 找到以下这些计数器。

- IPv4/IPv6——IP（Internet Protocol）相关的计数器，对数据包及分片计数。
- Memory——系统级内存计数器，比如全部页面交换数、可用内存数、提交内存数等。
- Objects——内核对象（kernel-owned object）数据，比如事件、互斥锁、进程、线程、信号量、临界区。
- Processor——当前系统中每个逻辑处理器的计数器。
- System——上下文交换、内存对齐修正、文件操作、进程、线程等数量。
- TCPv4/TCPv6——有关 TCP 连接和报文段（Segment）传送的计数器。

令人惊讶的是，互联网上很难找到性能计数器的详细介绍，但好在文档还算齐全。在 PerfMon 的“添加计数器”对话框中，只要把底部的“显示描述”勾选框勾上，就可以显示当前选中计数器的详细描述信息了。

PerfMon 还能由计划任务定时收集指定的性能计数器信息，并保存在日志中供日后查看，甚至可以在计数器值超过阈值时执行指定的动作。数据收集器集（Data Collector Sets）可以完成这些任务，不仅限于性能计数器的数据，还能收集系统配置信息和 ETW 事件。

请在 PerfMon 的主界面中设置数据收集器集。

1. 展开“数据收集器集”树状菜单。
2. 在“用户定义”菜单上单击鼠标右键。
3. 选择“新建”菜单。
4. 选择“数据收集器集”菜单。
5. 给定名称，选中“手动创建（高级）”，单击“下一步”，如图 1-4 所示。
6. 勾选“创建数据日志”下方的“性能计数器”，单击“下一步”，如图 1-5 所示。

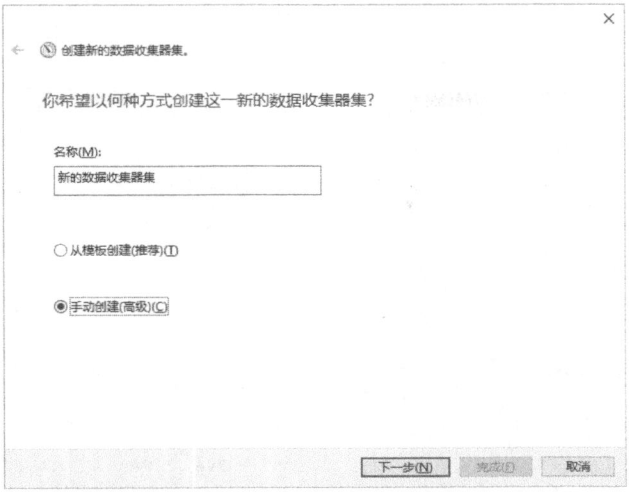

创建新的数据收集器集。

你希望以何种方式创建这一新的数据收集器集?

名称(M):

新的数据收集器集

从模板创建(推荐)(T)

手动创建(高级)(C)

下一步(N)　完成(F)　取消

图 1-4　用于设置常规计数器收集器的“数据收集器集”配置对话框

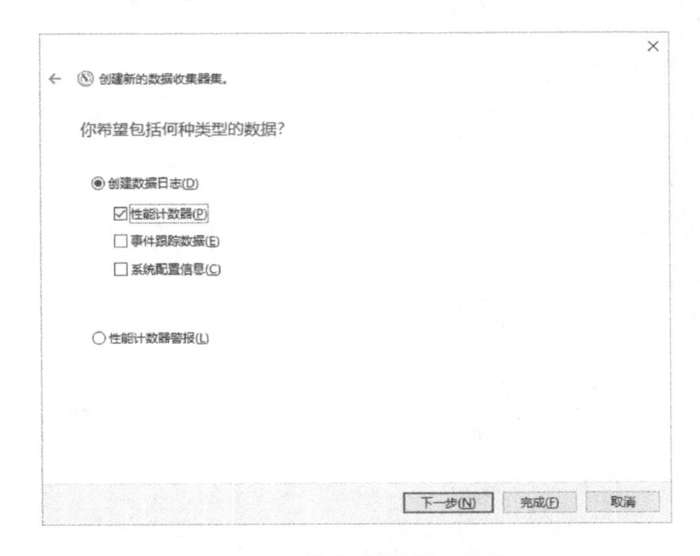

图 1-5　“性能计数器”对话框

7．单击“添加”选择需要加入的计数器，如图 1-6 所示。

8．单击“下一步”设置日志文件的存储路径，再单击“下一步”设置安全信息。

全部完成后，就可以打开收集器集的属性页，设置收集器程序的运行计划。

收集器也可以手动运行，只要在该数据收集器集节点上单击右键并选择“开始”即可。然后就会生成一份报告，在菜单树的“报告”菜单下双击该数据收集器，就可查看报告了，如图 1-7 所示。

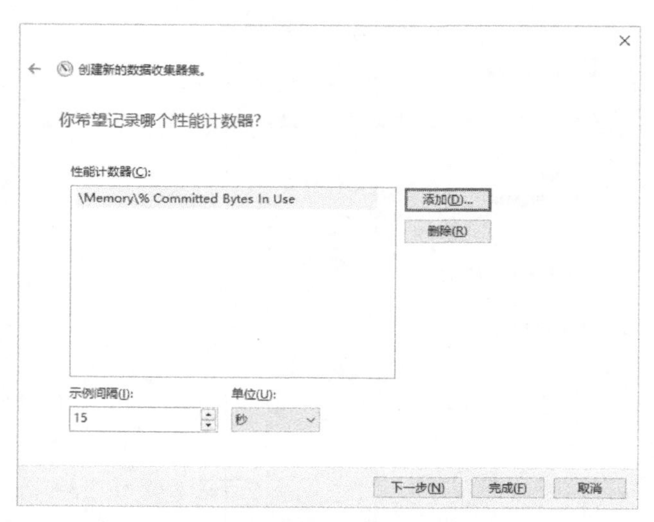

图 1-6　指定需要记录的数据类型

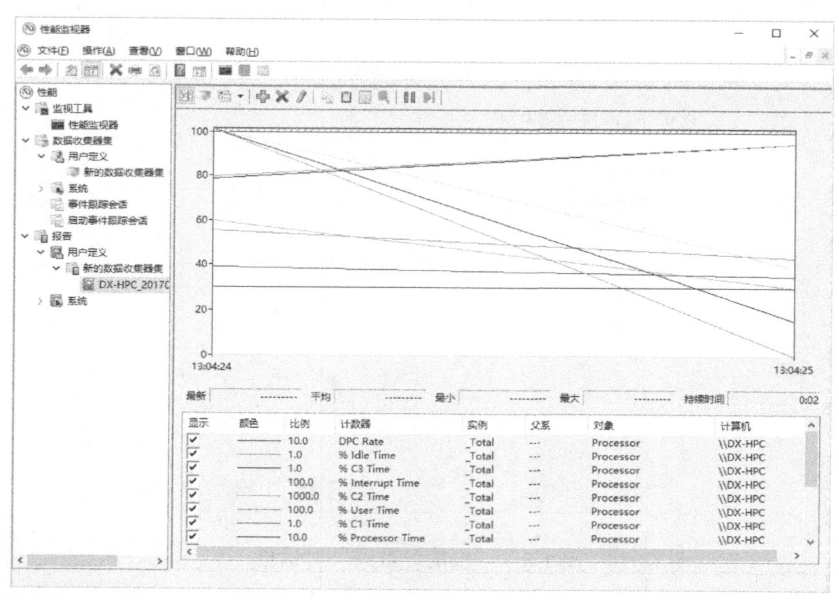

图 1-7　报告文件示例。使用工具栏上的按钮可以改变已收集数据的图表样式

如果要创建告警程序，步骤是一样的，只是要在创建数据收集器向导中选择“性能计数器警报”。

如果仅使用上述功能，好像针对性能计数器你只能做到这些了。但如果你需要以编程方式进行控制，或者是要创建自己的计数器，详情请阅读第 7 章（性能计数器）。你将使用性能计数器对应用程序进行整体性能的基线（Baseline）分析。

1.3.3 ETW 事件

ETW 是 Windows 系统内置的一个基础模块，记录了所有的诊断日志，而并非专为性能评估服务的。本节会对 ETW 做个概述，第 8 章还将介绍如何创建并监视自定义事件。

事件是由事件提供者（Provider）产生的。例如在 CLR 中就有 Runtime Provider，本书涉及的绝大部分事件就是由它产生的。几乎所有的 Windows 部件都包含了 Provider，比如 CPU、磁盘、网络、防火墙、内存等，数量庞大。ETW 系统的效率非常高，可以用最小的开销处理大量事件。

每个事件都带有一些标准字段，比如事件级别（信息、警告、错误、详细和关键）和关键字。每个 Provider 都可以定义自己的关键字。CLR 的 Runtime Provider 定义的关键字包括 GC、JIT、Security、Interop、Contention 等。

你可以通过关键字把需要监视的事件过滤出来。

每个事件还带有一个由 Provider 定义的自定义数据字段，描述了某些状态信息。比如 Runtime 的垃圾回收事件会给出当前属于第几代垃圾回收、是否后台回收等信息。

ETW 的强大之处就在于，Windows 的绝大部分部件都会产生大量的事件，几乎包含了影响应用程序运行的每个层面的因素。仅凭 ETW 事件你就可以完成大部分性能分析工作。

很多工具都能分析 ETW 事件并给出各种分析视图。实际上，从 Windows 8 开始，所有对 CPU 的跟踪分析都已通过 ETW 事件来完成了。图 1-8 为一次对 GC Start 事件为时 60 s 的跟踪分析报告。

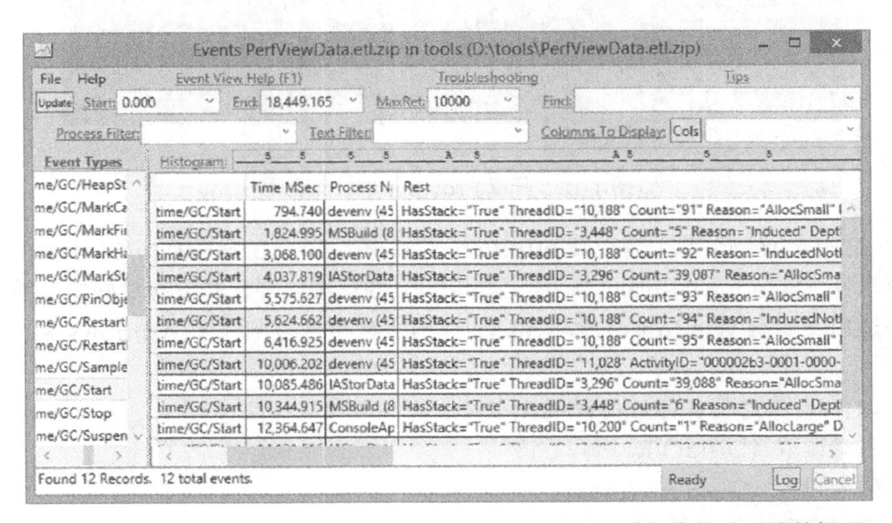

图 1-8　一次对 GC Start 事件为时 60 s 的跟踪。请注意各种与事件关联的数据项，比如 Reason 和 Depth

要想查看当前系统中全部已注册的 ETW Provider，请打开命令行窗口并输入，如图 1-9 所示。

```
C:\WINDOWS\system32\cmd.exe
D:\>logman query providers

Provider                                              GUID
-------------------------------------------------------------------------------
.NET Common Language Runtime                          {E13C0D23-CCBC-4E12-931B-D9CC2EEE27E4}
ACPI Driver Trace Provider                            {DAB01D4D-2D48-477D-B1C3-DAAD0CE6F06B}
Active Directory Domain Services: SAM                 {8E598056-8993-11D2-819E-0000F875A064}
Active Directory: Kerberos Client                     {BBA3ADD2-C229-4CDB-AE2B-57EB6966B0C4}
Active Directory: NetLogon                            {F33959B4-DBEC-11D2-895B-00C04F79AB69}
ADODB.1                                               {04C8A86F-3369-12F8-4769-24E484A9E725}
ADOMD.1                                               {7EA56435-3F2F-3F63-A829-F0B35B5CAD41}
Application Popup                                     {47BFA2B7-BD54-4FAC-B70B-29021084CA8F}
Application-Addon-Event-Provider                      {A83FA99F-C356-4DED-9FD6-5A5EB8546D68}
ASP.NET Events                                        {AFF081FE-0247-4275-9C4E-021F3DC1DA35}
ATA Port Driver Tracing Provider                      {D08BD885-501E-489A-BAC6-B7D24BFE6BBF}
AuthFw NetShell Plugin                                {935F4AE6-845D-41C6-97FA-380DAD429B72}
BCP.1                                                 {24722B88-DF97-4FF6-E395-DB533AC42A1E}
BFE Trace Provider                                    {106B464A-8043-46B1-8CB8-E92A0CD7A560}
BITS Service Trace                                    {4A8AAA94-CFC4-46A7-8E4E-17BC45608F0A}
Certificate Services Client CredentialRoaming Trace {EF4109DC-68FC-45AF-B329-CA
```

图 1-9　在命令行窗口中输入命令

还可以通过关键字获取指定 Provider 的详细信息，如图 1-10 所示。

```
C:\WINDOWS\system32\cmd.exe
D:\>logman query providers "Windows Kernel Trace"

Provider                                 GUID
-------------------------------------------------------------------------------
Windows Kernel Trace                     {9E814AAD-3204-11D2-9A82-006008A86939}

Value               Keyword              Description
-------------------------------------------------------------------------------
0x0000000000000001  process              Process creations/deletions
0x0000000000000002  thread               Thread creations/deletions
0x0000000000000004  img                  Image load
0x0000000000000008  proccntr             Process counters
0x0000000000000010  cswitch              Context switches
0x0000000000000020  dpc                  Deferred procedure calls
0x0000000000000040  isr                  Interrupts
0x0000000000000080  syscall              System calls
0x0000000000000100  disk                 Disk IO
0x0000000000000200  file                 File details
0x0000000000000400  diskinit             Disk IO entry
```

图 1-10　获取 Provider 的详细信息

关于 ETW 的详细信息，请查阅 http://www.writinghighperf.net/go/6。不幸的是，关于系统内核事件（Windows Kernel Trace Provider）的详细解释，并没有很好的在线资源。其中有一些适用于所有 Windows 进程的常见内核 ETW 事件被归入了 Windows Kernel Trace 类中。

- 内存/硬件错误（Memory/Hard Fault ）。
- 磁盘读取（DiskIO/Read）。
- 磁盘写入（DiskIO/Write）。
- 进程启动（Process/Start）。
- 进程停止（Process/Stop）。

- TCP/IP 建立连接（TcpIp/Connect）。
- TCP/IP 断开连接（TcpIp/Disconnect）。
- 线程启动（Thread/Start）。
- 线程停止（Thread/Stop）。

通过自行收集并分析 ETW 事件，你可以查看到 Kernel Trace Provider 及其他 Provider 生成的所有事件。

本书会提醒你关注那些 ETW 跟踪过程中应该重点关注的事件，特别是来自 CLR Runtime Provider 的事件。请查阅 http://www.writinghighperf.net/go/7 获取所有的 CLR 事件关键字。查阅 http://www.writinghighperf.net/go/8 可以找到全部 CLR 事件。

1.3.4　PerfView

虽然收集分析 ETW 事件的工具有很多，但 PerfView 是我的最爱，它是由微软的.NET 性能架构师 Vance Morrison 编写的。你可以从 http://www.writinghighperf.net/go/9 下载到这个工具。以上关于 ETW 事件的屏幕截图就来自于它。PerfView 能将函数调用栈进行分组和折叠显示，这是非常强大的功能，也正是它的实用之处。借此你就能层层深入每个事件，在多个抽象层面进行分析。

虽然其他 ETW 分析工具也很有用，但我通常还是愿意使用 PerfView，原因如下。

1．不需要安装，在任何机器上运行都很方便。
2．高度可定制化。
3．易于脚本化运行。
4．可以选择某个事件进行非常精细的数据收集，比如可以只对几类事件进行长达数小时的连续跟踪。
5．通常对机器和被监视进程的性能影响非常轻微。
6．对调用栈进行分组和折叠显示的能力绝妙无比。
7．可以用扩展插件实现自定义功能，同样能用到内置的调用栈分组和折叠显示的能力。

以下是一些我经常被问到的 PerfView 使用问题。

- CPU 占用率在哪里显示？
- 什么程序分配到的内存最多？
- 已被分配最多的资源是什么？
- 什么原因导致了第 2 代垃圾回收？
- 第 0 代垃圾回收平均多久发生一次？
- 我的代码 JIT 编译花了多长时间？
- 竞争最激烈的是什么锁？
- 我的内存托管堆情况如何？

使用 PerfView 进行事件收集和分析的基本步骤如下。

1．在“Collect”菜单中选择“Collect”菜单项。
2．在弹出的对话框中设置所需参数。
   a．展开“Advanced Options”选择需要捕获的事件类型，尽量缩小范围。
   b．如果当前版本不是.NET 3.5，请选中“No V3.X NGEN Symbols”勾选框。
   c．可以指定“Max Collect Sec”参数，以便在该指定时间后自动停止收集工作。
3．单击“Start Collection”按钮。
4．如果未设置“Max Collect Sec”参数，请在数据收集完成后单击“Stop Collection”按钮。
5．等待事件分析完成。
6．在结果树中选择各种视图来查看结果。

在收集事件的过程中，PerfView 会捕获所有进程的 ETW 事件。你可以在收集过程结束后过滤出每个进程的事件。

事件的收集是需要开销的。某些事件的开销还会比其他种类的事件更大一些，你需要了解哪些事件会产生大量无用的日志文件，哪些事件会对应用程序的性能产生负面影响。比如 CPU 分析就会产生大量的事件，因此应该尽量缩短持续时间（不超过 1～2 分钟），否则你就会收到几个 GB 的文件，根本就无从分析。

PerfView 的界面和视图

PerfView 的大部分视图都是源自同一种视图，因此理解它的运行机制还是很有意义的。

PerfView 基本上就是一个调用栈的归集和查看器。当你记录 ETW 事件时，每个事件的调用栈都被记录了下来。PerfView 分析这些信息并用表格（Grid）的形式显示出来，常见事件包括 CPU 占用率、内存分配情况、资源锁的争用情况、“异常”抛出情况等。对一种事件的分析规则同样也适用于其他类型，因为对调用栈的分析过程是一样的。

你还需要理解一下分组及折叠显示的概念。分组功能是把多个事件源归入一项中显示。假定需要一次分析多个.NET Framework DLL，而每个 DLL 提供的具体功能通常不需要关心。有了分组功能，就可以定义一个分组模板（Grouping Pattern），比如“System.*!=>LIB”，就会把所有 System.*.dll 归并在一个名为 LIB 的组中。这是 PerfView 默认的分组模板之一。

折叠功能可以把一些无关的下层代码的复杂度隐藏起来，只把这些被隐藏部分的开销计入并显示在调用者的节点中。举个简单的例子，假定发生了一些内存分配，通常是由某些内部的 CLR 方法通过 new 操作符提交的。你真正想知道的是哪类内存分配是数量最多的。利用折叠功能可以把下层的开销都归并到调用代码中，因为调用层的代码才是你真正可控的。比如大部分情况下你都不会关心 String.Format 内部操作的开销，你真正关心的是第一次调用 String.Format 时的代码。PerfView 可以把这些内部操作算到调用者头上，为代码的性能提供更为直观的显示。

折叠功能的模板（Folding Pattern）可以共用分组模板。因此可以指定折叠模板为“LIB”，这样就把 System.*中的所有方法都归并到 System.*之外的调用者中。

下面再介绍一下调用栈查看器（Stack Viewe）的用户界面，如图 1-11 所示。

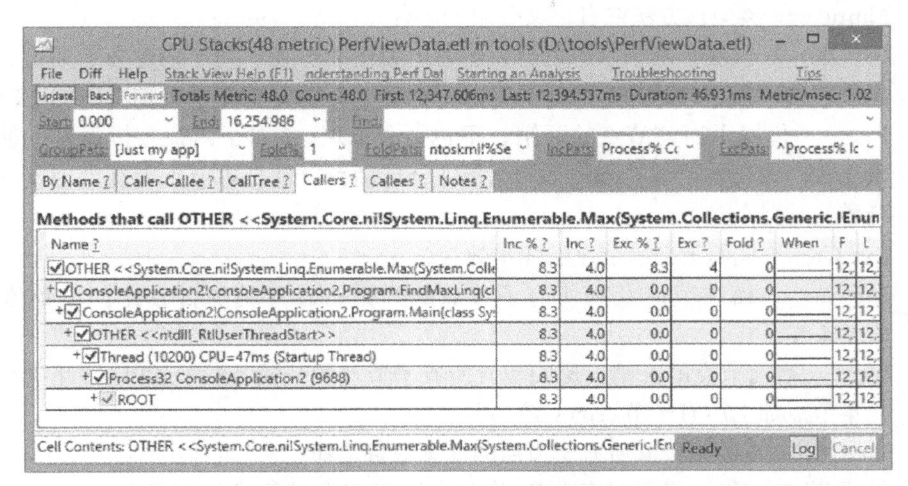

图 1-11　PerfView 中的标准视图，包含了很多用于过滤、排序、查找的可选项

顶部的控件能让调用栈视图以多种形式显示。以下列出了所有控件的用途，单击控件就可以看到详细的帮助信息。

- Start——指定需要查看的起始时间（单位为 ms）。
- End——指定需要查看的终止时间（单位为 ms）。
- Find——需要查找的文本。
- GroupPats——分组模板，多个模板之间以分号分隔。
- Fold%——小于此设定值的调用栈将会折叠显示。
- FoldPats——折叠模板，多个模板之间以分号分隔。
- IncPats——匹配此模板的调用栈必须分析在内，通常是进程名称。
- ExcPats——匹配此模板的调用栈不必分析。默认值包含 Idle 进程。

视图的类型包括以下几种。

- By Name——显示所有节点，包含所有的类型、方法和组，比较适用于自底向上的分析。
- Caller-Callee——关注单个节点，显示每个节点的调用者和被调用者。
- CallTree——以树状图显示日志文件中的所有节点，自 ROOT 节点开始，比较适用于自顶向下的分析。
- Callers——显示每个节点的所有调用者。
- Callees——显示每个节点调用的所有方法。
- Notes——把你的注释保存到 ETL 文件中。

表格视图中包含了很多列，鼠标指针停留在列名上会显示详细介绍。[①]以下列出了最重要的几个列。

- Name——类型、方法或自定义分组的名称。
- Exc %——仅属于当前节点的开销占总开销的百分比。对于内存分析而言，就是仅属于当前类型/方法的内存。对于 CPU 分析而言，就是仅属于当前方法的 CPU 时间。
- Exc——仅属于当前节点的开销，不包括子节点。[2] 对于内存分析而言，就是仅属于当前节点的内存字节数。对于 CPU 分析而言，就是本节点消耗的时间（单位为毫秒）。
- Exc Ct——仅属于当前节点的样本数量。
- Inc %——当前节点及其所有子节点的开销占总开销的百分比。本数值不小于 Exc %。
- Inc——当前节点的开销，递归包含所有子节点的开销。对于 CPU 占用率而言，就是本节点加上所有子节点的 CPU 耗时之和。
- Inc Ct——本节点及其所有子节点的样本数量之和。

在后续章节中，我还将通过各种有关性能的研究来讲解具体问题的解决过程。关于 PerfView 的完整介绍都值得写一本书了，至少也该写一份非常详细的帮助文件，好在 PerfView 已经自带了。我强烈建议你进行一些简单的分析，同时认真阅读这份帮助手册。

PerfView 貌似大多是在对内存和 CPU 进行分析，但请别忘记它真的只是一个通用的调用栈收集程序，这些调用栈可能来自任何 ETW 事件。PerfView 可以用来分析锁竞争的来源、磁盘 I/O 等所有应用程序事件，同样提供了强大的分组和折叠显示能力。

1.3.5　CLR Profiler

如果你需要图形化地展示内存堆的占用情况以及对象间的关系，可以用 CLR Profiler 代替 PerfView 来完成内存分析。CLR Profiler 能显示丰富的详细信息，比如：

- 用可视化图形展示程序获得的内存、引发内存分配的方法链。
- 以直方图的形式显示已分配、再次分配、已终结对象的内存大小和对象类型。
- 对象生存期的直方图。
- 对象分配内存和垃圾回收的时间线（Time Line），显示内存堆随时间的变化情况。
- 对象的虚拟内存地址分布图，可以很方便地显示内存碎片。

由于 CLR Profiler 存在某些限制，我平时很少用它。但有时候它还是有点用处的，虽然年代久远了些。CLR Profiler 的可视化效果是独一无二的，目前还没有什么免费工具可与之

① 原文有误，单击列名将会导致排序。原文为："Click on the column names to bring up more information."。

② 原文有误。原文为："The number of samples in just this node"，与 Exc Ct 的含义重复了。

匹敌。你可以从 http://www.writinghighperf.net/go/10 下载到 CLR Profiler，包含了 32 位版和 64 位版，还附带了文档和源码。

开始跟踪分析的基本步骤如下。

1．根据需要跟踪的目标程序选择正确的版本（32 位或 64 位），64 位版的 Profiler 无法分析 32 位程序，反之亦然。
2．选中“Profiling active”复选框，如图 1-12 所示。
3．根据需要勾选“Allocations”和“Calls”。
4．根据需要在“File | Set Parameters...”菜单中设置命令行参数、工作目录（Working Directory）和日志文件目录（Log File Directory）。
5．单击“Start Application”按钮。
6．找到需要分析的应用程序并单击“Open”按钮。

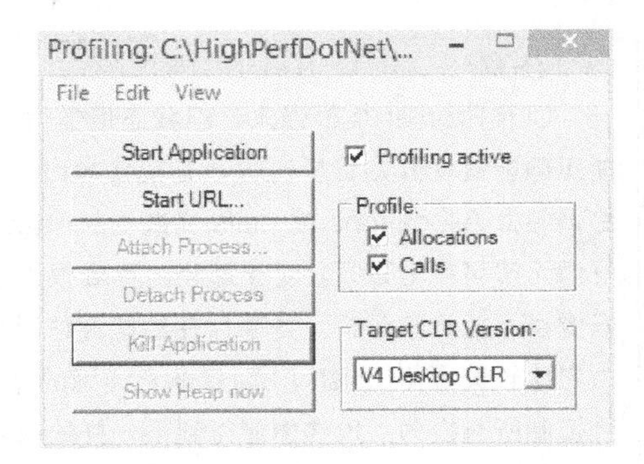

图 1-12　CLR Profiler 的主界面

这样就能在分析模式下（Profiling Active）运行应用程序。完成分析之后，请退出程序或在 CLR Profiler 中单击“Kill Application”按钮。然后被分析的应用程序会停止运行，并开始处理捕获到的日志数据。数据处理过程需要一定的时间，视上述分析运行过程的时间长短而定（我曾经碰到过超过一个 1 小时的情况）。

在分析运行过程中，你可以随时单击 CLR Profiler 中的“Show Heap now”按钮对内存堆进行转储，并会以可视化图将对象间关系显示出来。分析运行的过程并不会中断，可以在多个时间点进行多次内存堆转储。

最后会显示分析结果，如图 1-13 所示。

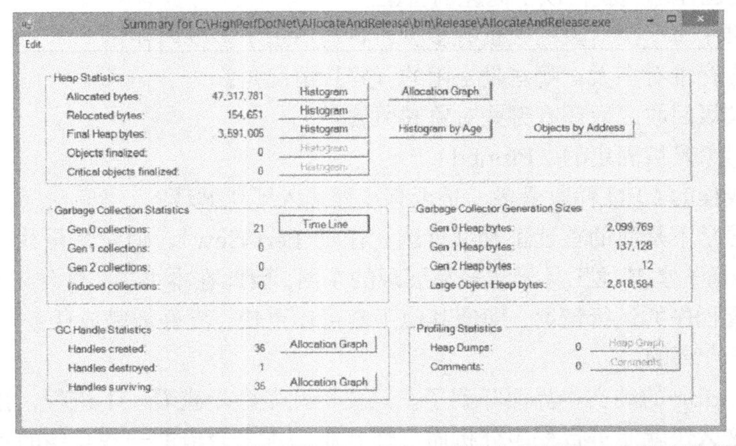

图 1-13　CLR Profiler 的结果界面，显示了跟踪分析过程中收集到的数据

你可以从这个界面打开内存堆数据的各种图形。可以先从“Allocation Graph”和“Time Line”开始了解基本功能。等你熟悉了托管代码的分析过程，直方图视图也会成为极为有用的资源。

> **注意**
>
> CLR Profiler 是很强大，但我还是觉得它存在很大问题。首先，CLR Profiler 有点脆弱。如果没能正确配置就开始分析过程，它就会抛出“异常”或意外中止。比如为了能获取结果数据，我每次都得勾上 Allocations 或 Calls 复选框。Attach to Process 按钮则完全可以忽略不用，因为这个功能好像无法可靠地运行。对于那些内存堆很大或者程序集（Assembly）很多的大型程序，CLR Profiler 好像也不能正常分析。如果你在性能评估过程中遇到了麻烦，PerfView 也许会是个更好的选择。因为它比较美观（Polish），而且非常详细的命令行参数也提供了强大的可定制性，你几乎可以在命令行控制所有行为。也许你能得到不一样的收获。此外，CLR Profiler 还附带了源码，所以你自己就可以修复错误！

1.3.6　Windbg

Windbg 是微软免费发布的一种通用 Windows 调试程序。如果你已经习惯了用 Visual Studio 作为主要调试工具，那么这个原始的、基于文本的调试程序可能会让你望而生畏。别这么想，你只要经过几条命令的学习就会很快适应，然后你就不太会再用 Visual Studio 进行调试工作了，除非你还处于开发阶段。

Windbg 比 Visual Studio 强大得多，它那些查看进程的手段是其他工具无法提供的。Windbg 还很轻巧，更易于在生产服务器或客户的电脑上进行部署，在这种生产环境下你最好还是能把 Windbg 熟练运用起来。

Windbg 能让你迅速获得以下问题的答案。

- 内存堆中每一类对象的数量有多少，各自占用了多少内存？
- 每个内存堆有多大，哪些是空闲的（碎片情况）？
- 某次垃圾回收之后还有哪些对象驻留着？
- 哪些对象是被固定的（Pinned）？
- 哪些线程的 CPU 耗时最多，是否有线程陷入了死循环？

Windbg 通常不是我的首选工具（首选往往是 PerfView），但常常是我的第二或第三选择，它能让我查看一些其他工具无法轻易展现的东西。因此在本书中，我会频繁使用 Windbg 来教你如何检查程序的运行情况，即便其他工具可以更快、更好地完成任务。（别担心，其他工具我也会一一介绍的。）

不要被 Windbg 的纯文本界面吓到了。只要用几条命令查看一下进程，你很快就会适应起来，并会对这么快就能进行程序分析而心怀感激。本书会借助一些具体的场景，一步一步增长你的知识。

从 http://www.writinghighperf.net/go/11 可以获取 Windbg，按照步骤安装 Windows SDK 即可。（只要你愿意，也可以选择只安装 Windbg。）

为了调试托管代码，你需要用到 NET's SOS 调试扩展包，.NET Framework 的全部版本都有附带。在 http://www.writinghighperf.net/go/12 有一篇非常易懂的 SOS 使用说明。

在开始使用 Windbg 之前，我们先用一个示例程序来进行一次简单的教学。这个示例足够简单——直接导致一次很容易被调试的内存泄漏。在随书代码的 MemoryLeak 项目中可以找到这个示例。

```
using System;
using System.Collections.Generic;
using System.Threading;

namespace MemoryLeak
{
  class Program
  {
    static List<string> times = new List<string>();

    static void Main(string[] args)
    {
      Console.WriteLine("Press any key to exit");
      while (!Console.KeyAvailable)
      {
        times.Add(DateTime.Now.ToString());
        Console.Write('.');
        Thread.Sleep(1000);
      }
    }
  }
}
```

启动该程序并让它运行几分钟。

运行 Windbg，如果是通过 Windows SDK 安装的，那就应该在开始菜单中。请注意选择正确的版本，x86（适用于 32 位进程）或 x64（适用于 64 位进程）。单击“File | Attach to Process”菜单（或者按 F6 键），打开“Attach to Process”对话框，如图 1-14 所示。

找到 MemoryLeak 进程，（选择按“By Executable”排序，很好找的）单击“OK”。

Windbg 会把目标进程挂起（如果你正在调试生产机上的进程，请牢记这一点！）并显示所有已加载的模块。然后，Windbg 就等待你输入命令。第一件事情通常就是加载 CLR 调试扩展。请输入以下命令。

```
.loadby sos clr
```

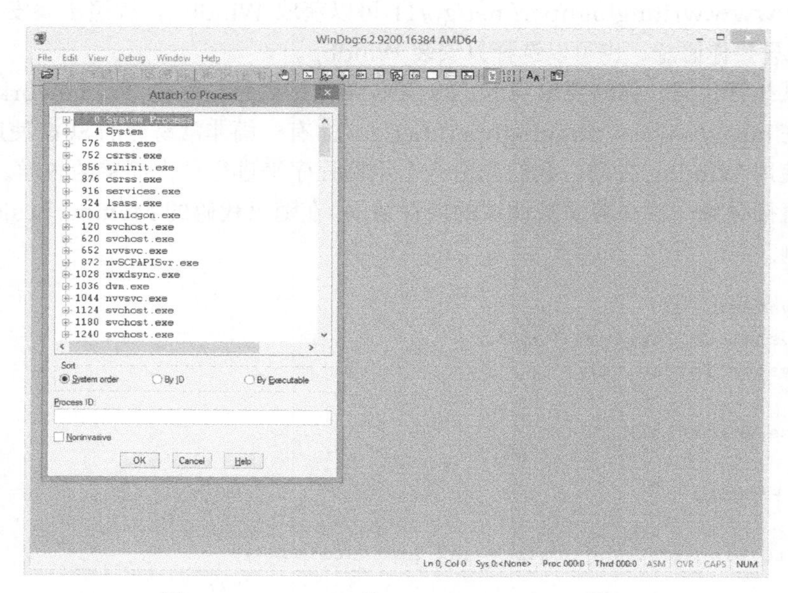

图 1-14　WinDbg 的 Attach to Process 界面

如果命令执行成功，不会有任何输出。

如果看到错误信息“Unable to find module ‘clr’”，最有可能是 CLR 还没有加载完成。如果你是从 Windbg 中启动目标程序的，然后马上就断点进入了，就可能会发生这种错误。这时可先在加载 CLR 模块时设置一个断点。

```
sxe ld clr
g
```

第一条命令在加载 CLR 模块时设置一个断点。g 命令告诉调试程序继续运行。当再次中断时，CLR 模块就应该已经加载完成了，然后就可以如前所述用 loadby sos clr 命令加载 SOS 了。

然后可以执行任何命令。下面就执行一条。

```
g
```

这条命令表示继续运行。在程序运行期间是无法执行命令的。

```
<Ctrl-Break>
```

这条命令会暂停目标程序的运行。如果你在开始运行目标程序后需要重新获得控制权，可以执行这条命令。

```
.dump /ma d:\memorydump.dmp
```

这条命令会生成一个包含所有进程数据的转储，保存到指定文件中。这样你就能以后再来分析进程的状态，因为这只是一个快照，你当然没办法对运行过程进行调试了。

```
!DumpHeap -stat
```

DumpHeap 会显示当前内存堆中所有托管对象的汇总信息，包括内存占用大小（只计算当前对象，不含引用对象）、数量等信息。如果要查看内存堆中每个 System.String 对象的信息，输入!DumpHeap –type System.String 即可。在介绍垃圾回收时，你还会看到 DumpHeap 命令的更多用法。

```
~*kb
```

这是一条 Windbg 的常规命令，不属于 SOS，用于显示当前进程中全部线程的调用栈。

如果要切换到另一个线程，请使用命令。

```
~32s
```

这条命令会把当前线程切换为#32 线程。请注意，Windbg 的线程编号和线程 ID 不同。为了便于引用，Windbg 自行为进程内的所有线程统一编号，和 Windows 或.NET 的线程 ID 都没有关系。

```
!DumpStackObjects
```

这条命令也可以缩写为：!dso，执行后会把当前线程所有栈帧（Stack Frame）中每个对象的类型，加上内存地址转储出来。

请注意，SOS 调试扩展中所有针对托管代码的命令，都带有“!”前缀。

要想让 Windbg 调试程序充分发挥作用，还需要做一件事情，就是要设置符号（Symbol）文件路径，以便下载微软 DLL 的公共调试符号（Public Symbol）数据，这样你就能看明白系统底层的执行过程。请把环境变量_NT_SYMBOL_PATH 设为以下字符串。

```
symsrv*symsrv.dll*c:\symbols*http://msdl.microsoft.com/download/symbols
```

请把“c:\symbols”替换为你自己的本地符号文件缓存路径（并且确保已创建了该目录）。Windbg 和 Visual Studio 都会使用这个环境变量自动下载并缓存系统 DLL 的公共调试符号数据。在一开始的下载过程中，符号解析会比较慢，但只要缓存成功，解析速度就会明显加快。还可以使用.symfix 命令自动把符号文件路径设置为微软的调试符号服务器和本地缓存目录。

```
.symfix c:\symbols
```

1.3.7 .NET IL 分析器

很多产品都可以把编译过的程序集反编译成 IL、C#、VB.NET 或任何其他.NET 语言的源码，有免费的也有收费的。比较流行的产品包括 Reflector、ILSpy、dotPeek，其实还有一些。

如果需要查看别人的代码，这些反编译工具非常有用，有些代码对于性能分析至关重要。这些工具我最常用于查看.NET Framework 自身的工作状况，因为我希望知道不同的 API 对性能会有什么潜在的影响。

将你自己编写的代码转换为可读的 IL，这也很有意义，如图 1-15 所示。因为你能看到很多操作，比如装箱操作就是在高级语言中无法看到的。

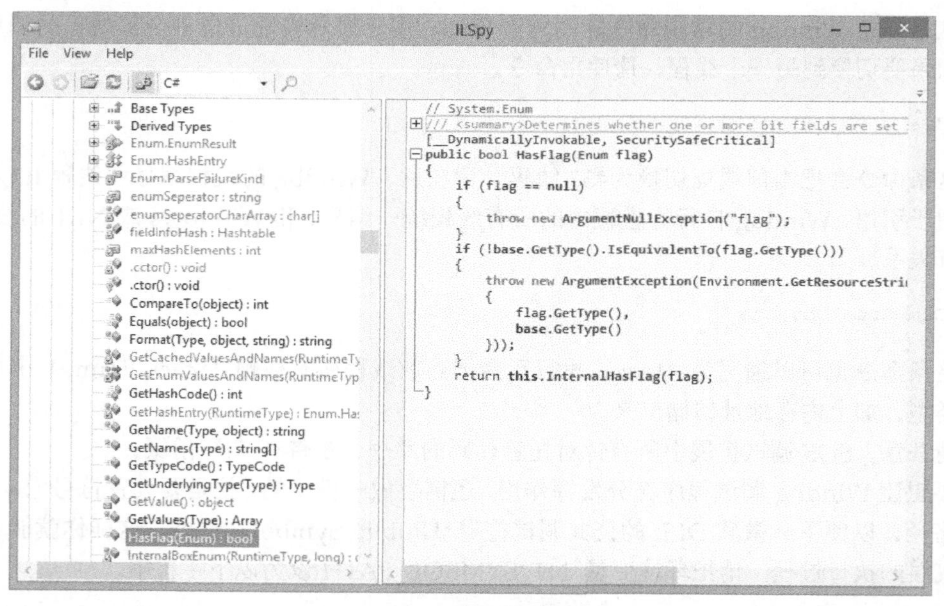

图 1-15 ILSpy 将 Enum.HasFlag 反编译为 C#源码。ILSpy 是学习第三方代码运行机制的有力工具

第 6 章将会介绍.NET Framework 的源码，并鼓励你练就一副挑剔的眼光，在使用每一个 API 时都能认真审视一番。因此 ILSpy 和 Reflector 之类的工具是必不可少的，你将会每天使用这些工具，你会对系统提供的代码越来越熟悉。你还会经常发出惊叹，在看似简单的方法中需要完成这么多工作。

1.3.8 MeasureIt

MeasureIt 是一个微型性能基准（Benchmark）测试工具，易用性不错，由 Vance Morrison 编写的（就是 PerfView 的作者）。MeasureIt 会分门别类显示各种.NET API 的相对开销，包括方法调用、数组、委托（Delegates）、迭代（Iteration）、反射（Reflection）P/Invoke 等。MeasureIt 会以空的静态函数调用为基准，测试所有调用的相对开销。

MeasureIt 的主要用途就是，在 API 级别把软件设计对性能的影响显示出来。比如在 lock 类中，你会发现使用 ReaderWriteLock 会比常规的 lock 语句慢 4 倍左右。

从 http://www.writinghighperf.net/go/13 可以下载到 MeasureIt。

在 MeasureIt 的代码中加入自己的测试是非常容易的，它已经自带了源代码，运行 MeasureIt /edit 就可以解包出来。通过研究这些代码，会让你对编写精确的测试代码产生很大启发。在它的代码注释中，详细讲解了如何进行高质量的代码分析。你应该重点关注这些讲解，特别是你如果要自行进行一些简单的性能测试的话。

比如 MeasureIt 使用了如下方法阻止编译器进行函数的内联调用（Inlining）。

```
[MethodImpl(MethodImplOptions.NoInlining)]
public void AnyEmptyFunction()
{
}
```

MeasureIt 还用到了其他一些技巧，比如利用处理器缓存和充分的迭代来产生足具统计学意义的结果。

1.3.9 代码中的工具

那种通过控制台输出的传统调试方案仍可延用，而且不应该被忽略。此外，我还建议你换用 ETW 事件来进行调试，可以完成很多更为复杂的分析工作，第 8 章将会详细介绍。

对代码进行精确计时往往也是很有用的。永远不要使用 DateTime.Now 来进行性能跟踪，因为 DateTime.Now 太慢了。请选用 System.Diagnostics.Stopwatch 类来记录事件的间隔，无论事件的大小，System.Diagnostics.Stopwatch 都非常准确，精度也很高，开销却很低。

```
var stopwatch = Stopwatch.StartNew();
...do work...
stopwatch.Stop();
TimeSpan elapsed = stopwatch.Elapsed;
long elapsedTicks = stopwatch.ElapsedTicks;
```

关于.NET 中的时间和计时方法，详情请阅读第 6 章。

如果要保证自己编写的测试程序准确无误、结果可重现，请研究一下 MeasureIt 的源代码和文档，里面重点介绍了相关的最佳实践。

自行编写性能测试程序往往比想象中更为困难，错误的性能测试还不如根本就不做，因为你会把时间都浪费在错误的地方。

1.3.10　SysInternals 工具

无论开发人员、系统管理员，还是业余编程爱好者，都应该拥有这套强大的工具软件集。

SysInternals 起初是由 Mark Russinovich 和 Bryce Cogswell 开发的，现在已归微软所有，其中包含了计算机管理、进程查看、网络分析等很多工具。

以下是我最喜欢的一些工具。

- ClockRes——显示系统时钟的精度（也就是计时器的最大精度）。参见第 4 章。
- Diskmon——监视硬盘活动。
- Handle——监视哪个进程打开了哪些文件。
- ProcDump——高度可定制化的进程转储文件生成工具。
- Process Explorer——非常强大的任务管理器（Task Manager），显示了大量的进程信息。
- Process Monitor——实时监视文件、注册表、进程的活动。
- VMMap——分析进程的地址空间。

类似的工具还有很多，在 http://www.writinghighperf.net/go/14 可以下载到单个工具或整个工具包。

1.3.11　数据库

最后一个性能工具很普通，就是数据库，用于记录一段时间内的性能数据。需要记录什么指标是与你的项目有关，数据库格式不一定要用成熟的 SQL Server 关系型数据库（当然用了会有一定的好处）。只要能保存一段时间内的报表数据、可读性较强，哪怕是只包含了标题和数据的 CSV 文件也可以。重点是要把数据记录、保存下来，并能用工具生成测试报告。

如果有人问你，你的程序性能有没有获得提升？以下哪个答案更合适些呢？

1. 是的。
2. 在过去 6 个月里，我们减少了 50%的 CPU 占用率，降低了 25%的内存消耗，减少了 15%的请求延时。我们的垃圾回收频率下降到 1 次/10 s（以前是 1 次/s!），我们的启动时间现在完全可由配置文件来控制（35 s）。

我曾经说过，有扎实的数据作为支撑，性能优化的成绩将会出色很多。

1.3.12 其他工具

其他工具还有很多，包括静态代码分析工具、ETW 事件收集和分析工具、反编译工具、性能跟踪分析工具等。

你可以只把本章列出的工具作为开端，但你要明白只用这些工具也能完成意义重大的任务。把性能问题可视化，有时候可能会有用，但你并不总是会用得上。

随着对性能计数器和 ETW 事件之类的技术更加熟悉，你还会发现，编写自己的测试工具完成自定义报告或是进行智能分析，是件轻而易举的事情。本书中的很多工具都是为了在一定程度上实现性能评估的自动化。

1.3.13 评估本身的开销

无论怎么实现，性能评估过程本身一定会有开销。CPU 跟踪分析会轻微降低目标程序的运行速度，性能计数器需要占用一定的内存及磁盘空间。ETW 事件虽然速度很快，但也不是没有开销的。

你必须在代码中监视并优化这些评估本身的开销，就像对待其他运行开销一样。然后在某些场景下，你得确定评估本身的开销与性能的提升相比是否划算。

如果你做不到全面的评估，那就只能选择其中几种分析手段。只要足以发现最频繁出现的问题，基本也就可以了。

你的软件可能还会有一些“特别版本”，这有点危险。你肯定不希望这些特别版的程序演变成无法代表实际产品的东西。

软件要考虑的方面有很多，到底是保留所有的数据，还是要更好的性能，你可能不得不进行一定的平衡。

1.4 小结

提升性能的首要法则就是**评估、评估、再评估**！

知道该为你的应用程序使用什么性能指标是非常重要的，每个指标都应该是精确、可量化的。平均值是很不错，但百分位值也同样要重视，特别是针对高可用性的服务而言。在前期设计阶段就要把性能目标考虑在内，理解系统架构对性能的影响程度。先从那些影响最大的部分开始着手优化。首先关注算法及整体性的宏观优化，然后再转移到微观优化中去。

应该充分了解性能计数器和 ETW 事件。要善用工具软件进行性能分析和调试。请学习如何使用 Windbg 和 PerfView 这类最强大的工具，以便快速解决性能问题。

第2章　垃圾回收

垃圾回收将会是你一直关注的性能因素。大部分容易察觉的性能问题，“显然”都是由垃圾回收引起的。这些问题修正起来速度最快，也是需要你持续关注并时刻检查的。我用了“显然”这个词，是因为我们将会发现，很多问题实际上都是由于对垃圾回收器的行为和预期结果理解有误。在.NET 环境中，你需要更多地关注内存的性能，至少要像对 CPU 性能一样。较好的内存性能是.NET 程序流畅运行的重要基础，本书将花费最大的篇幅来着重讨论内存性能问题。

很多人一想到垃圾回收可能导致的系统开销，都会觉得非常不安。其实只要你理解了垃圾回收机制，对程序的优化就会变得简单了。在第 1 章你已经了解到，很多情况下垃圾回收器实际上会整体提高内存堆的性能，因为它能高效地完成内存分配和碎片整理工作。垃圾回收肯定能为你的应用程序带来好处。

Windows 的本机代码模式下，内存堆维护着一张空闲内存块的列表，用于内存的分配。尽管用到了低碎片化的内存堆（Low Fragmentation Heaps），很多长时间运行的本机代码应用还是得费尽心机地对付内存碎片问题。内存分配操作的速度会越来越慢，因为系统分配程序遍历空闲内存表的时间会越来越长。内存的占用率会持续增长，进程肯定也需要重启以开始新的生命周期。为了减少内存碎片，有些本机代码程序用大量代码实现了自己的内存分配机制，把默认的 malloc 函数给替换掉了。

在.NET 环境中，内存分配的工作量很小，因为内存总是整段分配的，通常情况下不会比内存的扩大、减小或比较增加多少开销。在通常情况下，不存在需要遍历的空闲内存列表，也几乎不可能出现内存碎片。其实 GC 内存堆的效率还会更高，因为连续分配的多个对象往往在内存堆中也是连续存放的，提高了就近访问的可能性（Locality）。

在默认的内存分配流程中，会有一小段代码先检查目标对象的大小，看看内存分配缓冲区中所剩的内存还够不够用。只要缓冲区还够用，内存分配过程就十分迅速，不存在资源争用问题。如果内存分配缓冲区已被耗尽，就会交由 GC 分配程序来检索足以容纳目标对象的空闲内存。然后一个新的分配缓冲区会被保留下来，用于以后的内存分配。

上述内存分配过程的汇编代码只是一小段指令，分析这些代码是很有价值的。

简单演示内存分配过程的 C#代码如下。

```
class MyObject {
  int x;
  int y;
  int z;
}
```

```
static void Main(string[] args)
{
  var x = new MyObject();
}
```

首先，让我们分解一下。以下是调用内存分配函数的代码。

```
;把类的方法表指针拷贝到 ecx 中
;作为 new()的参数
;可以用!dumpmt 查看值
mov ecx,3F3838h

;调用 new
call 003e2100

;把返回值（对象的地址）拷贝到寄存器中
mov edi,eax
```

下面是实际的分配函数。

```
;注意：为了格式统一，大部分代码的地址都未给出
;
;把 eax 值设为 0x14，也就是需要分配给对象的内存大小
;数值来自于方法表
mov eax,dword ptr [ecx+4] ds:002b:003f383c=00000014

;把内存分配缓冲区数据写入 edx
mov edx,dword ptr fs:[0E30h]

;edx+40 存放着下一个可用的内存地址
;把其中的值加上对象所需大小,写入 eax
add eax,dword ptr [edx+40h]

;把所需内存地址与分配缓冲区的结束地址进行比较
cmp eax,dword ptr [edx+44h]

;如果超出了内存分配缓冲区
;跳转到速度较慢的分配流程
ja 003e211b

;更新空闲内存指针（在旧值上增加 0x14 字节）
mov dword ptr [edx+40h],eax

;将指针减去对象大小
```

```
;指向新对象的起始位置
sub eax,dword ptr [ecx+4]

;将方法表指针写入对象的前 4 字节
;现在 eax 指向的是新对象
mov dword ptr [eax],ecx

;返回调用者
ret

;慢速分配流程（调用 CLR 方法）
003e211b  jmp clr!JIT_New (71763534)
```

总之，以上过程只用了 1 个直接方法调用和 9 条指令。完美无暇，无懈可击。

如果你的垃圾回收配置成服务器模式，内存分配过程就没有快速和慢速之分，因为每个处理器都有各自的内存堆。.NET 的内存分配流程比较简单，而解除分配的过程则复杂得多，但这个复杂的过程不需要你直接处理。你只需要学习如何优化即可，也就是本章将教会你的内容。

本书之所以要从垃圾回收开始，是因为后续的很多内容都会与本章有关联。理解垃圾回收器对程序的影响，是获得理想性能的重要基础，垃圾回收器几乎会影响到其他所有的性能因素。

2.1　基本运作方式

垃圾回收器的决策过程正在变得越来越优雅，特别是随着高性能系统越来越普遍地采用.NET 环境。下面介绍的内容可能有一些会在未来的.NET 版本中发生变化，但最近一段时间内好像还不太会发生整体性的改变。

在托管进程中存在两种内存堆（本机堆和托管堆）。本机内存堆（Native Heap）是由 VirtualAlloc 这个 Windows API 分配的，是由操作系统和 CLR 使用的，用于非托管代码所需的内存，比如 Windows API、操作系统数据结构、很多 CLR 数据等。CLR 在托管堆（Managed Heap）上为所有.NET 托管对象分配内存，也被成为 GC 堆，因为其中的对象均要受到垃圾回收机制的控制。

托管堆又分为两种——小对象堆和大对象堆（LOH），两者各自拥有自己的内存段（Segment）。每个内存段的大小视配置和硬件环境而定，对于大型程序可以是几百 MB 或更大。小对象堆和 LOH 都可拥有多个内存段。

小对象堆的内存段进一步划分为 3 代，分别是 0、1、2 代。第 0 代和第 1 代总是位于同一个内存段中，而第 2 代可能跨越多个内存段，LOH 也可以跨越多个内存段。包含第 0 代和第 1 代堆的内存段被称为暂时段（Ephemeral Segment）。

一开始内存堆就如下所示，两个内存段分别被标为 A 和 B，内存地址从左到右由小变大。

小对象堆由 A 段内存构成，LOH 拥有 B 段内存。第 2 代和第 1 代堆只占有开头的一点内存，因为它们还都是空的。

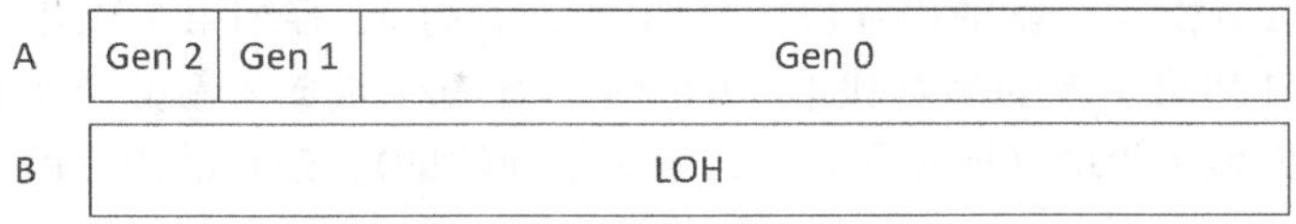

A	Gen 2	Gen 1	Gen 0
B	LOH		

下面有必要介绍一下在小对象堆中分配内存的对象的生存期。如果对象小于 85 000 字节，CLR 都会把它分配在小对象堆中的第 0 代，通常紧挨着当前已用内存空间往后分配。因此，正如本章开头所示，.NET 的内存分配过程非常迅速。如果快速分配失败，对象就可能会被放入第 0 代内存堆中的任意地方，只要能容纳得下就行。如果没有合适的空闲空间，那么分配器就会扩大第 0 代内存堆，以便能存入新对象。如果扩大内存堆时超越了内存段的边界，则会触发垃圾回收过程。

对象总是诞生于第 0 代内存堆。只要对象保持存活，每当发生垃圾回收时，GC 都会把它提升一代。第 0 代和第 1 代内存堆的垃圾回收有时候被称为瞬时回收（Ephemeral Collection）。

在发生垃圾回收时，可能会进行碎片整理（Compaction），也就是 GC 把对象物理迁移到新的位置中去，以便让内存段中的空闲空间能够连续起来以备使用。如果未发生碎片整理，那就只需要重新调整各块内存的边界即可。在经历了几次未做碎片整理的垃圾回收之后，内存堆的分布可能会如下所示。

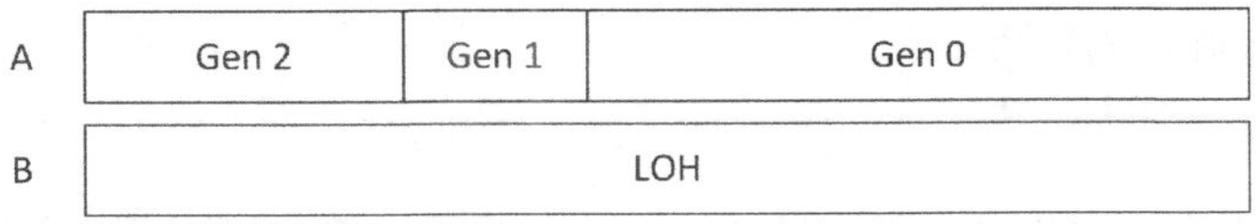

A	Gen 2	Gen 1	Gen 0
B	LOH		

对象的位置没有移动过，但各代内存堆的边界已经发生了变化。

每一代内存堆都有可能发生碎片整理。因为 GC 必须修正所有对象的引用，使它们指向新的位置，所以碎片整理的开销相对较大，还有可能需要暂停所有托管线程。正因如此，垃圾回收器只在划算（Productive）时才会进行碎片整理，判断的依据是一些内部指标。

如果对象到达了第 2 代内存堆，它就会一直留在那里直至终结。这并不意味着第 2 代内存堆只会一直变大。如果第 2 代内存堆中的对象都终结了，整个内存段也没有存活的对象了，垃圾回收器会把整个内存段交还给操作系统，或者作为其他几代内存堆的附加段。在进行完全垃圾回收（Full Garbage Collection）时，就可能发生这种第 2 代内存堆的回收。

那么“存活”是什么意思呢？如果 GC 能够通过任一已知的 GC 根对象（Root），沿着层层引用访问到某个对象，那它就是存活的。GC 根对象可以是程序中的静态变量，或者某个线程的堆栈被正在运行的方法占用（用于局部变量），或者是 GC 句柄（比如固定对象的句柄，Pinned Handle），或是终结器队列（Finalizer Queue）。请注意，有些对象可能没有受

GC 根对象的引用，但如果是位于第 2 代内存堆中，那么第 0 代回收是不会清理这些对象的，必须等到完全垃圾回收才会被清理到。

如果第 0 代堆即将占满一个内存段，而且垃圾回收也无法通过碎片整理获取足够的空闲内存，那么 GC 会分配一个新的内存段。新的内存段会用于容纳第 1 代和第 0 代堆，老的内存段将会变为第 2 代堆。老的第 0 代堆中的所有对象都会被放入新的第 1 代堆中，老的第 1 代堆同理将提升为第 2 代堆（提升很方便，不必复制数据）。现在的内存段将如下所示。

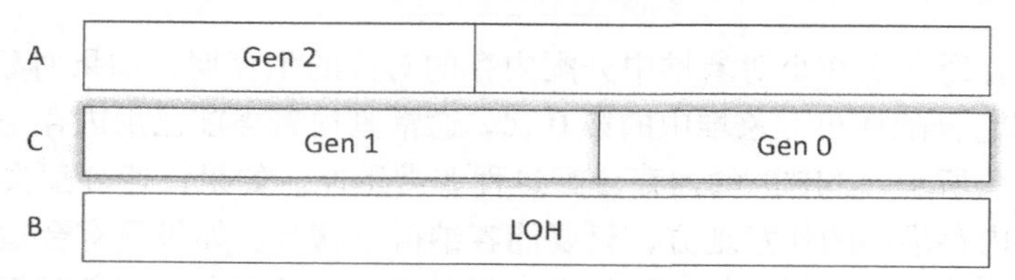

如果第 2 代堆继续变大，就可能会跨越多个内存段。LOH 堆同样也可能跨越多个内存段。无论存在多少个内存段，第 0 代和第 1 代总是位于同一个段中。以后我们想找出内存堆中有哪些对象存活时，这些知识将会派上用场。

LOH 则遵从另一套回收规则。大于 85 000 字节的对象将自动在 LOH 中分配内存，且没有什么“代”的模式。超过这个尺寸的对象通常也就是数组和字符串了。出于性能考虑，在垃圾回收期间 LOH **不会**自动进行碎片整理，但从.NET 4.5.1 开始，必要时你也可以人为发起碎片整理。与第 2 代内存堆类似，如果 LOH 的内存不再有用了，就可能会被用于其他内存堆。不过我们以后将会看到，理想状态下你根本就不会愿意让 LOH 的内存被回收掉。

在 LOH 中，垃圾回收器用一张空闲内存列表来确定对象的存放位置。本章中我们会讨论一些减少 LOH 碎片的技巧。

> **注意**
>
> 如果是在调试器中查看位于 LOH 的对象，你会发现有可能整个 LOH 都小于 85 000 字节，而且可能还有对象的大小是小于已分配值的。这些对象通常都是 CLR 分配出去的，可以不予理睬。

垃圾回收是针对某一代及其以下几代内存堆进行的。如果回收了第 1 代，则也会同时回收第 0 代。如果回收了第 2 代，则所有内存堆都会回收，包括 LOH。如果发生了第 0 代或第 1 代垃圾回收，那么程序在回收期间就会暂停运行。对于第 2 代垃圾回收而言，有部分回收是在后台线程中进行的，这要根据配置参数而定。

垃圾回收包含 4 个阶段。

1．挂起（Suspension）——在垃圾回收发生之前，所有托管线程都被强行中止。
2．标记（Mark）——从 GC 根对象开始，垃圾回收器沿着所有对象引用进行遍历并把所见对象记录下来。
3．碎片整理（Compact）——将对象重新紧挨着存放并更新所有引用，以便减少内存碎片。在小对象堆中，碎片整理会按需进行，无法控制。在 LOH 中，碎片整理不会自动进行，但你可以在必要时通知垃圾回收器来上一次。

4. 恢复（Resume）——托管线程恢复运行。

在标记阶段并不需要遍历内存堆中的所有对象，只要访问那些需要回收的部分即可。比如第0代回收只涉及到第0代内存堆中的对象，第1代回收将会标记第0代和第1代内存堆中的对象。而第2代回收和完全回收，则需遍历内存堆中所有存活的对象，这一过程的开销有可能非常大。这里有个小问题需要注意，高代内存堆中的对象有可能是低代内存堆对象的根对象。这样就会导致垃圾回收器遍历到一部分高代内存堆的对象，但这样的回收开销还是小于高代内存堆的完全垃圾回收。

由上述讨论可以形成以下几点重要结论。

第一，垃圾回收过程的耗时几乎完全取决于所涉及“代”内存堆中的对象数量，而不是你分配到的对象数量。这就是说，即使你分配了1棵包含100万个对象的树，只要在下一次垃圾回收之前把根对象的引用解除掉，这100万个对象就不会增加垃圾回收的耗时。

第二，垃圾回收的频率取决于所涉及“代”内存堆中已被占用的内存大小。只要已分配内存超过了某个内部阈值，就会发生该“代”垃圾回收。这个阈值是持续变化的，GC会根据进程的执行情况进行调整。如果某“代”回收足够划算（提升了很多对象所处的“代”），那垃圾回收就会发生得频繁一些，反之亦然。另一个触发垃圾回收的因素是所有可用内存，与你的应用程序无关。如果可用内存少于某个阈值，为了减少整个内存堆的大小，垃圾回收可能会更为频繁地发生。

由上所述，貌似垃圾回收是难以控制的，但事实不是这样。通过控制内存分配模式来控制垃圾回收的统计指标，就是一种最容易实现的优化方法。这需要理解垃圾回收的工作机制、可用的配置参数、你的内存分配率，还需要对对象的生存期有很好的控制能力。

2.2 配置参数

.NET Framework 对外提供的配置垃圾回收器的方法并不多，你最好不要去自寻烦恼（“…less rope to hang yourself with.”）。垃圾回收器的配置及调优，很大程度上由硬件配置、可用资源和程序的行为决定。屈指可数的几个参数也是用于控制很高层的行为，且主要取决于程序的类型。

2.2.1 工作站模式还是服务器模式

最重要的垃圾回收参数选择是采用工作站（Workstation）模式还是服务器（Server）模式。

垃圾回收默认采用工作站模式。在工作站模式下，所有的GC都运行于触发垃圾回收的线程中，优先级（Priority）也相同。工作站模式非常适用于简单应用，特别是那些运行在人机交互型工作站（Interactive Workstation）上的应用，机器上会运行着多个托管进程。对于单处理器的计算机而言，工作站模式是唯一选择，配置成其他参数也是无效的。

在服务器模式下，GC 会为每个逻辑处理器或处理器核心创建各自专用的线程。这些线程的优先级是最高的（THREAD_PRIORITY_HIGHEST），但在需要进行垃圾回收之前会一直保持挂起状态。垃圾回收完成后，这些线程会再次进入休眠（Sleep）状态。

此外，CLR 还会为每个处理器创建各自独立的内存堆。每个处理器堆都包含 1 个小对象堆和 1 个 LOH。从应用程序角度来看，就只有一个逻辑内存堆，你的代码不清楚对象属于哪一个堆，对象引用会在所有堆之间交叉进行（这些引用共用相同的虚拟地址空间）。

多个内存堆的存在会带来一些好处。

1. 垃圾回收可以并行进行，每个垃圾回收线程负责回收一个内存堆。这可以让垃圾回收的速度明显快于工作站模式。
2. 在某些情况下，内存分配的速度也会更快一些，特别是对 LOH 而言，因为会在所有内存堆中同时进行分配。

服务器模式还有一点与工作站模式不同，就是拥有更大的内存段，也就意味着垃圾回收的间隔时间可以更长一些。

请在 app.config 文件的<runtime>节点下把垃圾回收配置为服务器模式。

```
<configuration>
   <runtime>
   <gcServer enabled="true"/>
   </runtime>
</configuration>
```

到底是用工作站还是服务器模式进行垃圾回收呢？如果应用程序运行于专为你准备的多处理器主机上，那就无疑要选择服务器模式。这样在大部分情况下，都能让垃圾回收占用的时间降至最低。

不过，如果需要与多个托管进程共用一台主机，那么选择就不那么明确了。服务器模式的垃圾回收会创建多个高优先级的线程。如果多个应用程序都这么设置，那线程调度就会相互带来负面影响。这时可能还是选用工作站模式垃圾回收更好。

如果你确实想让同一台主机上的多个应用程序使用服务器模式的垃圾回收，还有一种做法，就是让存在竞争关系的应用程序都集中在指定的几个处理器上运行，这样 CLR 只会为这些处理器创建自己的内存堆。

无论你怎么选择，本书给出的大部分技巧对两种垃圾回收模式都适用。

2.2.2　后台垃圾回收

后台垃圾回收（Background GC）只会影响第 2 代内存堆的垃圾回收行为。第 0 代和第

1 代的垃圾回收仍会采用前台垃圾回收，也就是会阻塞所有应用程序的线程。

后台垃圾回收由一个专用的第 2 代堆垃圾回收线程完成。对于服务器模式的垃圾回收而言，每个逻辑处理器都拥有一个额外的后台 GC 线程。没错，这就是说，如果采用服务器模式垃圾回收和后台垃圾回收，那每个处理器就会有两个 GC 专用线程，但这没什么值得特别关注的。拥有多个线程并不会为进程带来多大负担，特别是大多数线程在大部分时间都是无事可干的。

后台垃圾回收与应用程序的线程是并行发生的,但也有可能同时发生了阻塞式垃圾回收。这时，后台 GC 线程会和其他应用程序线程一起暂停运行，等待阻塞式垃圾回收的完成。

如果你正在使用工作站模式垃圾回收，那后台垃圾回收就会一直开启。从.NET 4.5 开始，服务器模式垃圾回收中默认开启了后台垃圾回收，但你还是能够将其关闭的。

以下配置将会关闭后台垃圾回收。

```
<configuration>
   <runtime>
    <gcConcurrent enabled="false"/>
   </runtime>
</configuration>
```

在实际应用中，应该很少会有关闭后台垃圾回收的理由。如果你想阻止后台垃圾回收的线程占用应用程序的 CPU 时间，而且不介意完全垃圾回收和阻塞垃圾回收时可能增加的时间和频次，那就可以把它关闭。

2.2.3 低延迟模式（Low Latency Mode）

如果你需要在一段时间内确保较高的性能，可以通知 GC 不要执行开销很大的第 2 代垃圾回收。请根据其他参数把 GCSettings.LatencyMode 属性赋为以下值之一。

- LowLatency——仅适用于工作站模式 GC，禁止第 2 代垃圾回收。
- SustainedLowLatency——适用于工作站和服务器模式的 GC，禁止第 2 代完全垃圾回收，但允许第 2 代后台垃圾回收。必须启用后台垃圾回收，本参数才会生效。

因为不会再进行碎片整理了，所以这两种参数都会显著增加托管堆的大小。如果你的进程需要大量内存，就应该避免使用这种低延迟模式。

在即将进入低延迟模式前，最好是能强制执行一次完全垃圾回收，这通过调用 GC.Collect(2, GCCollectionMode.Forced)即可完成。当代码离开低延迟模式后，马上再做一次完全垃圾回收。

请勿将低延迟模式作为默认模式来使用。低延迟模式确实是用于那些必须长时间不被中断的应用程序，但不是 100%的时间都得如此。一个很好的例子就是股票交易，在开市期间，当然不希望发生完全垃圾回收。而在休市时间里，就可以关闭低延迟模式并执行完全垃圾回收，等到下一次开市时再切换回来。

仅当以下条件都满足时，才能开启低延迟模式。

- 完全垃圾回收的持续时间过长，是程序正常运行时绝对不能接受的。
- 应用程序的内存占用量远低于可用内存数。
- 无论是关闭低延迟模式期间、程序重启，还是手动执行完全垃圾回收期间，应用程序都可以保持存活状态。

因为存在潜在的不确定性，低延迟模式是很少用到的，你应该三思而后行。如果你觉得这种模式有用，请仔细进行性能评估以确保效果。开启低延迟模式可能会导致其他的性能问题，因为这会产生副作用。为了应对完全垃圾回收的缺失，瞬时回收（第 0 代和第 1 代垃圾回收）的频次会增加。你很可能是“按下了葫芦起了瓢”。

最后请注意，低延迟模式并不一定能保证生效。如果要在完全回收或抛出 out of MemoryException 之间做出选择，垃圾回收器可能会选择完全回收，这样你的设置就无效了。

2.3　减少内存分配量

这几乎无需多言，如果你减少了内存分配数量，也就减轻了垃圾回收器的运行压力，同时还可以减少内存碎片整理量和 CPU 占用率。要想减少内存分配量，得动些脑筋才行，还有可能与其他设计目标发生冲突。

请严格审查每一个对象，扪心自问一下。

- 是否真的需要这个对象？
- 对象中有没有什么成员是可以摒弃的？
- 数组能否减小一些？
- 基元类型（Primitive）能否减小体积（比如 Int64 换成 Int32）？
- 有些对象是否很少用到，仅在必要时再行分配？
- 有些类能否转成“结构”（Struct）？这样就能存放在堆栈中，或者是成为其他对象的成员。
- 分配的内存很多，是否只用了一小部分？
- 能否用其他途径获取数据？

> **故事**
>
> 在一个需要处理用户请求的服务器程序中，我们发现有一类很常见的请求会导致内存分配量超过一整个内存段的大小。因为 CLR 对内存段的最大尺寸有限制，而第 0 代内存堆必须全部位于一个内存段中，因此每次请求都必定会发生一次垃圾回收。这种处境可不大妙，因为除了减少内存分配量几乎就别无选择了。

2.4 首要规则

针对垃圾回收器，存在一条基本的高性能编码规则。其实垃圾回收器明显就是按照这条规则进行设计的：

只对第 0 代内存堆中的对象进行垃圾回收。

换句话说，对象的生存期应该尽可能短暂，这样垃圾回收器根本就不会去触及它们。或者做不到转瞬即逝，那就让对象尽快提升到第 2 代内存堆并永远留在那里，再也不会被回收。这意味着需要一直保持一个对长久存活对象的引用，通常这也意味着要把可重用的对象进行池化（Pooling），特别是 LOH 中的所有对象。

内存堆的代数越高，垃圾回收的代价就越大。应该确保大多数回收都是发生在第 0 代和第 1 代中，第 2 代回收应尽可能少。即便第 2 代堆开启了后台回收，CPU 的开销也是你不愿承受的，毕竟处理器资源本该是为你的程序服务的。

> **注意**
>
> 你也许听说过一种传言，发生 10 次第 0 代回收才应有 1 次第 1 代回收，10 次第 1 代回收才能发生 1 次第 2 代回收。这不是真的，你只要明白，第 0 代回收很迅速应该尽量多一些，而第 2 代回收开销很大，所以尽可能要减少。

应该避免大部分第 1 代回收的发生，因为从第 0 代提升到第 1 代的对象，往往会被适时提升到第 2 代。第 1 代内存堆可以说是第 2 代堆的一种缓冲区。

理想状态下，所有对象都应该在下一次第 0 代回收到来之前离开作用域（Scope）。你可以测算出两次 0 代回收之间的间隔时间，并与数据在应用程序中的存活时间进行比较。本章的末尾将会介绍如何使用工具来获取这些信息。

如果你还没有习惯遵守本条规则，那就需要让自己的观念来一次根本转变。本规则会影响到应用程序的方方面面，因此请尽快适应并牢记于心。

2.5 缩短对象的生存期

对象的作用域越小，在垃圾回收时就越没有机会被提升到下一代。一般来说，对象在使用前不应该被分配内存。除非创建对象的开销太大，需要提早创建才不至于影响到其他操作的执行。

另外在使用对象时，应该确保对象尽快地离开作用域。对于局部变量而言，可能是最后一次局部使用之后，甚至可以在方法结束之前。你可以用成对的“{}”在语法上缩小作用域，但很可能没有什么实际效果，因为编译器通常会识别出对象何时会失效。如果你的代码要对某个对象进行多次操作，请尽量缩短第一次和最后一次使用的间隔，这样 GC 就能尽早地回收这个对象了。

如果某个对象的引用是一个长时间存活对象的成员，有时你得把这个引用显式地设置为 null。这也许会稍微增加一点代码的复杂度，因为你得随时准备多检查一下 null 值，并且还有可能导致功能有效性和完整性之间的矛盾，特别是在调试的时候。

有一种做法是将需要设置为 null 的对象转换为其他格式（比如日志信息），这样就可以更有效地记录下状态，以备后续调试时使用。

另一种平衡功能性和完整性的做法，就是专为调试作出临时修改，让程序（或满足特定需求的部分功能）运行时不对引用设置 null，尽可能保持存活。

2.6　减少对象树的深度

正如本章开头所述，GC 将会沿着对象引用遍历。在服务器模式 GC 中，一次会有多个线程同时遍历。你肯定希望能尽可能地利用这种并发机制，但如果有某个线程陷入一条很长的嵌套对象链中，那么整个垃圾回收过程就得等这个线程完成工作后才会结束。如果 CLR 的版本比较新，这种影响会轻微一些，因为目前 GC 线程采用了 work-stealing 算法来更好地平衡负载。如果你怀疑代码中有很深的对象树存在，那么检查一下还是有好处的。

2.7　减少对象间的引用

这条与前一节的对象树深度有关联，但还有一些其他因素需要考虑。

如果对象引用了很多其他对象，垃圾收集器对其遍历时就要耗费更多的时间。如果垃圾回收引起的暂停时间较长，往往意味着有大型、复杂的对象间引用关系存在。

如果难以确定对象所有的被引用关系，那还有一个风险就是很难预测对象的生存期。减少对象引用的复杂度，不仅对提高代码质量有利，而且可以让代码调试和修正性能问题变得更加容易。

另外还要注意，不同代的内存堆之间的对象引用可能会导致垃圾回收器的低效运行，特别是从老对象中引用新对象的情况。比如第 2 代内存堆中有个对象包含了对第 0 代内存堆对象的引用，这样每次第 0 代垃圾回收时，总有一部分第 2 代内存堆中的对象不得不被遍历到，以便确认它们是否还持有对第 0 代对象的引用。这种遍历的代价虽然没有像完全垃圾回收那么高，但不必要的开销还是能免则免。

2.8　避免对象固定

对象固定（Pinning）是为了能够安全地将托管内存的引用传递给本机代码。最常见的用处就是传递数组和字符串。如果不与本机代码进行交互，就完全不应该有对象固定的需求。

对象固定会把内存地址固定下来，垃圾回收器就无法移动这类对象。虽然固定操作本身开销并不大，但会给垃圾回收工作造成一定困扰，增加出现内存碎片的可能。垃圾回收器是会记住那些被固定的对象，以便能利用固定对象之间的空闲内存，但如果固定对象过多，还是会导致内存碎片的产生和内存堆的扩大。

对象固定既可能是显式的，也可能是隐式的。使用 GCHandleType.Pinned 类型的 GCHandle 或者 fixed 关键字，可以完成显式对象固定，代码块必须标记为 unsafe。用关键字 fixed 和 GCHandle 之间的区别类似于 using 和显式调用 Dispose 的差别。fixed/using 用起来更方便，但无法在异步环境下使用，因为异步状态下不能传递 handle，也不能在回调方法中销毁 handle。

隐式的对象固定更为普遍，但也更难被发现，消除则更困难。最明显的来源就是通过 P/Invoke 传给非托管代码的所有对象。这种 P/Invoke 并不仅仅是由你编写的代码发起的，你调用的托管 API 可以而且经常会调用本机代码，也都需要对象固定。

CLR 的内部数据结构中也会有些被固定的对象，但这些对象通常不必理会。

理想状态下，应该尽可能消除对象固定。如果真的做不到，请参照缩短托管对象生存期的规则，尽可能地缩短固定对象的生存期。如果对象只是暂时被固定，那影响下一次垃圾回收的机会就比较少。你还应该避免同时固定很多对象。位于第 2 代堆或 LOH 中的固定对象一般不会有问题，因为移动这些对象的可能性比较小。这样就产生了一种优化策略，可以在 LOH 中分配大块缓冲区然后按需切分，或者在小对象堆中分配小块缓冲区并保证对象在被固定前提升到第 2 代。实施这个策略会把一部分内存管理的任务放到你的肩上，但可以完全避免第 0 代垃圾回收时碰到固定内存区域的问题。

2.9 避免使用终结方法

若非必要，永远不要实现终结方法（Finalizer）。终结方法是一段由垃圾回收器引发调用的代码，用于清理非托管资源。终结方法由一个独立的线程调用，排成队列依次完成，而且只有在一次垃圾回收之后，对象被垃圾回收器声明为已销毁，才会进行调用。这就意味着，如果类实现了终结方法，对象就一定会滞留在内存中，即便是在垃圾回收时应该被销毁的情况下。终结方法不仅会降低垃圾回收的整体效率，而且清理对象的过程肯定会占用 CPU 资源。

如果实现了终结方法，那就必须同时实现 IDisposable 接口以启用显式清理，还要在 Dispose 方法中调用 GC.SuppressFinalize(this)来把对象从移除终结队列中移除。只要能在下一次垃圾回收之前调用 Dispose，那就能适时把对象清理干净，也就不需要运行终结方法了。以下代码演示了正确的实现方式。

```
class Foo : IDisposable
{
  ~Foo()
  {
    Dispose(false);
  }

  public void Dispose()
  {
    Dispose(true);
    GC.SuppressFinalize(this);
  }

  protected virtual void Dispose(bool disposing)
  {
    if (disposing)
    {
      this.managedResource.Dispose();
    }
    // 清理非托管资源
    UnsafeClose(this.handle);
    // 如果基类是 IDisposable
    // 请务必调用
    //base.Dispose(disposing);
  }
}
```

关于 Dispose 模式和终结过程的详细信息，请查阅 http://www.writinghighperf.net/go/15。

> **注意**
>
> 有些人以为终结方法肯定会被执行到。一般情况下确实如此，但并不绝对。如果程序被强行终止，就不会再运行任何代码，进程也会立即被销毁。而且即便是在进程正常关闭时，所有终结方法的总运行时间也是有限制的。如果你的终结方法被排在了队列的末尾，就有可能被忽略掉。此外，因为终结方法是逐个执行的，如果某个终结方法陷入死循环，那么排在后面的终结方法就都无法运行了。虽然终结方法不是运行在 GC 线程中，但仍需由 GC 引发调用。如果没有发生垃圾回收，那么终结方法就不会运行。因此，请勿依靠终结方法来清理当前进程之外的状态数据。

2.10　避免分配大对象

大对象的界限被设为 85 000 字节，判断的依据是基于当天的统计学分析。任何大于这个值的对象都被认为是大对象，并在独立的内存堆中进行分配。

应该尽可能避免在 LOH 中分配内存。不仅是因为 LOH 的垃圾回收开销更大，更多原因是因为内存碎片会导致内存用量不断增长。

为了避免这些问题，需要严格控制程序在 LOH 中的分配。LOH 中的对象应该在整个程序的生存期都持续可用，并以池化的方式随时待命。

LOH 不会自动进行碎片整理，但自.NET 4.5.1 开始可以通过代码发起整理。不过你只能把它当作最后的手段，因为碎片整理会导致长时间的系统暂停。在介绍如何发起碎片整理之前，我会首先介绍如何避免陷入这种被动的局面。

2.11 避免缓冲区复制

任何时候都应该避免复制数据。比如你已经把文件数据读入了 MemoryStream（如果需要较大的缓冲区，最好是用池化的流），一旦内存分配完毕，就应把此 MemoryStream 视为只读流，所有需要访问 MemoryStream 的组件都能从同一份数据备份中读取数据。

如果需要表示整个缓冲区的一段，请使用 ArraySegment<T>类，可用来代表底层 byte[] 类型缓冲区的一部分区域。此 ArraySegment 可以传给 API，而与原来的流无关，甚至可以被绑定到一个新的 MemoryStream 对象上。这些过程都不会发生数据复制。

```
var memoryStream = new MemoryStream();
var segment = new ArraySegment<byte>(memoryStream.GetBuffer(), 100, 1024);
...
var blockStream = new MemoryStream(segment.Array,
                        segment.Offset,
                        segment.Count);
```

内存复制造成的最大影响肯定不是 CPU，而是垃圾回收。如果你发现自己有复制缓冲区的需求，那就尽量把数据复制到另一个池化的或已存在的缓冲区中，以避免发生新的内存分配。

2.12 对长期存活对象和大型对象进行池化

还记得前面介绍过的基本规则吧，对象要么转瞬即逝，要么一直存活；要么在第 0 代垃圾回收时消失，要么就在第 2 代内存堆中一直留存下去。有些对象基本上是静态的，伴随程序自然诞生，并在程序生存期间保持存活。还有一些对象看不出有一直存活的必要，但它们在程序上下文中体现出来的生存期，决定了它们会历经第 0 代（也可能是第 1 代）垃圾回收并仍然存活下去。应该考虑对这类对象进行池化，虽然池化实际上是一种人工的内存管理策略，但在这种场合却真的收效甚佳。另一种强烈推荐池化的对象，就是在 LOH 中分配的对象，典型例子就是集合类对象。

池化的方法没有一定之规，也没有标准的 API 可用，确实只能自己开发，可以针对整个应用，也可以只为特定的池化对象服务。

可以这么来看待可池化的对象，就是把通常是被托管的资源（内存）转由你自己掌控。.NET 已提供了一种针对受限托管资源的处理模式——IDisposable 模式，正确的实现方式请参阅本章之前的内容。比较合理的设计是派生一个新类型并实现 IDisposable 接口，在 Dispose 方法中将池化对象归还共享池（Pool）。这样就会给用户一个强烈暗示，这种资源需要进行特殊处理。

实现高质量的池化策略并非易事，有可能完全取决于程序的使用需求，以及被池化对象的类型。以下代码示例了一个简单的池化类，有助于你了解需要考虑的因素，代码来自 PooledObjects 例程。

```
interface IPoolableObject : IDisposable
{
  int Size { get; }
  void Reset();
  void SetPoolManager(PoolManager poolManager);
}

class PoolManager
{
  private class Pool
  {
    public int PooledSize { get; set; }
    public int Count { get { return this.Stack.Count; } }
    public Stack<IPoolableObject> Stack { get; private set; }
    public Pool()
    {
      this.Stack = new Stack<IPoolableObject>();
    }

  }
  const int MaxSizePerType = 10 * (1 << 10); // 10 MB

  Dictionary<Type, Pool> pools =
    new Dictionary<Type, Pool>();

  public int TotalCount
  {
    get
    {
      int sum = 0;
```

```
      foreach (var pool in this.pools.Values)
      {
        sum += pool.Count;
      }
      return sum;
    }
  }

  public T GetObject<T>()
    where T : class, IPoolableObject, new()
  {
    Pool pool;
    T valueToReturn = null;
    if (pools.TryGetValue(typeof(T), out pool))
    {
      if (pool.Stack.Count > 0)
      {
        valueToReturn = pool.Stack.Pop() as T;
      }
    }
    if (valueToReturn == null)
    {
      valueToReturn = new T();
    }
    valueToReturn.SetPoolManager(this);
    return valueToReturn;
  }

  public void ReturnObject<T>(T value)
    where T : class, IPoolableObject, new()
  {
    Pool pool;
    if (!pools.TryGetValue(typeof(T), out pool))
    {
      pool = new Pool();
      pools[typeof(T)] = pool;
    }

    if (value.Size + pool.PooledSize < MaxSizePerType)
    {
      pool.PooledSize += value.Size;
      value.Reset();
      pool.Stack.Push(value);
    }
  }
```

```
}
class MyObject : IPoolableObject
{
  private PoolManager poolManager;
  public byte[] Data { get; set; }
  public int UsableLength { get; set; }

  public int Size
  {
    get { return Data != null ? Data.Length : 0; }
  }

  void IPoolableObject.Reset()
  {
    UsableLength = 0;
  }

  void IPoolableObject.SetPoolManager(
    PoolManager poolManager)
  {
    this.poolManager = poolManager;
  }

  public void Dispose()
  {
    this.poolManager.ReturnObject(this);
  }
}
```

被池化对象必须要实现自定义接口，看起来有点工作量，但是除了增加麻烦之外还说明了一个重要事实——为了实现池化和对象重用，你必须完全了解并掌控这些对象。在每次把池化对象归还共享池时，你的代码必须把对象重置为已知的、安全的状态。这意味着你不能天真地把第三方对象直接进行池化。通过由自己的对象实现自定义接口，你释放出一个非常强烈的信息：这是一个特殊的对象。在池化.NET Framework 已提供的对象时，你应该特别小心。

池化对象的回收也是一件特别棘手的事情，因为你不是真的要销毁内存（这也是池化的全部意义所在），但你必须能通过可用空间表示出“空集合”的概念。幸好大部分集合类都同时实现了 Length 和 Capacity 属性，分别表示集合大小和池的大小。既然池化.NET 已提供的集合类存在风险，你最好还是利用标准的集合接口实现自己的集合类，比如 IList<T>、ICollection<T>等。关于如何创建自己的集合类，在第 7 章会有一些基本的指导。

另外还有一条策略就是，为你的可池化类实现终结方法，以作为保险机制。如果终结方法得以运行，就意味着 Dispose 没被调用过，也就是存在错误。这时可以把信息写入日志，可以让程序异常终止，或者是把错误信息显示出来。

请记住共享池中的对象永远不会被销毁，这与内存泄漏很难区分开。共享池的尺寸应该限定边界（字节数或是对象数），只要超过了规定大小，就应该把对象扔给 GC 进行清理。理想状态下，共享池的尺寸应该要能满足正常工作，不应抛弃任何对象，只有当内存占用达到顶峰时才需要 GC 的介入。根据共享池的大小和池中的对象数量，销毁可能会引发长时间的完全垃圾回收。请确保你的共享池大小能够完美匹配使用需求。

故事

通常我不会把池化作为默认解决方案。如果是把池化作为一种通用的解决方案，那它太过笨拙，也很容易出错。当然你可能会发现，针对某些类进行池化，确实能让应用程序受益。在一个因大量 LOH 分配而饱受困扰的应用程序中，我们发现如果把某类对象池化，就能消除 99%的 LOH 问题。这类对象就是 MemoryStream，我们用它来序列化并通过网络传递数据。因为需要避免触发碎片整理，实际的池化实现代码要复杂得多，不只是把 MemoryStream 放入队列那么简单，但从概念上讲确实如此。每次 MemoryStream 对象被销毁后，都会被释放到池中去等待下一次重用。

2.13 减少 LOH 的碎片整理

如果做不到完全避免 LOH 分配，那你就应该尽力避免碎片整理。

LOH 的体积稍不留神就会持续增大，通过空闲内存列表可以减轻这种现象。为了能让空闲内存列表发挥最大作用，应该提高每次内存分配时空闲内存块都能满足要求的可能性。

有一种方法可以提高这种可能性，就是保证 LOH 的每次分配都是统一尺寸的，或者至少也是几种标准尺寸的组合。比如 LOH 的一种常规用途就是缓冲区池，不能让各个缓冲区大小不一，而应该所有缓冲区都具有相同尺寸，或者是由几块固定大小（比如 1MB）的内存组成。如果某一块缓冲区确实需要被垃圾回收了，那么下一次分配的缓冲区就有很大概率会落在这块空闲内存上，而不会被放到堆的末尾去。

故事

还是接着上一个关于 MemoryStreams 池化的故事。第一种 PooledMemoryStream 实现方式是将流视为一个整体，允许缓冲区无限增长。增长算法就由底层 MemoryStream 提供，每当容量不足时缓冲区大小就会翻倍。这种方式解决了很多 LOH 问题，但也产生了严重的碎片问题。第二种方案抛弃了第一种思路，主张对多个独立的 byte[]缓冲区进行池化，每个缓冲区的大小是 128KB。多个小缓冲区连起来组成一个大的虚拟缓冲区，再从大缓冲区中抽象出流对象。我们把大缓冲区分成多种尺寸，从 1MB 到 8MB 不等。新的实现方式显著减少了碎片问题，当然也是有代价的。当需要用到一整块连续的缓冲区时，偶尔我们不得不把多个 128KB 缓冲区中的数据复制到一个 1MB 的缓冲区中去。但因为所有缓冲区都已经池化了，这点代价还是划算的。

2.14　某些场合可以强制执行完全回收

绝大部分情况下，除了 GC 正常的调度计划中安排的之外，你不应该再强制执行完全垃圾回收。那样会干扰垃圾回收器的自动调优活动，还可能导致整体性能下降。不过在某些特定的情况下，高性能系统中的某些因素可能会让你重新考虑这条建议。

通常，为了避免以后发生不合时宜的完全垃圾回收过程，在某个更合适的时间段强制执行一次完全回收也许会有所收益。请注意我们现在只讨论完全垃圾回收，它开销较大，理想状态下应该很少发生。为了避免第 0 代堆的尺寸过大，第 0 代和第 1 代垃圾回收可以而且应该经常执行。

值得进行强制完全回收的场合可能有以下这些：

1．你采用了低延迟 GC 模式。这种模式下内存堆的大小可能会一直增长，需要适时进行一次完全垃圾回收。关于低延迟 GC 模式，请阅读本章前面的相关内容。

2．偶尔你会创建大量对象，并会存活很长时间（理想状态是一直保持存活）。这时最好是把这些对象尽快提升到第 2 代内存堆中。如果这些对象覆盖了即将成为垃圾的其他对象，通过一次强制垃圾回收就能立即销毁这些垃圾对象。

3．你正处于要对 LOH 进行碎片整理的状态。请参阅 LOH 碎片整理的章节。

第 1 种和第 2 种情况都是为了避免在特定时间段发生完全垃圾回收，所以才在其他时间强制完成。第 3 种情况是在 LOH 里内存碎片很严重时，减小整个内存堆的尺寸。如果这 3 种情况都不符合，你就不应该考虑强制执行完全垃圾回收。

调用 GC.Collect 方法，参数为需要回收的代数，即可执行完全垃圾回收。此外还可以附带一个参数，值为 GCCollectionMode 枚举，指明完全回收的时间由 GC 决定。参数值有 3 种可能。

- Default——立即进行强制完全回收。
- Forced——由垃圾回收器立即启动完全回收。
- Optimized——允许由垃圾回收器决定是否立即执行完全回收。

```
GC.Collect(2);
// 等效于：
GC.Collect(2, GCCollectionMode.Forced);
```

故事

以下情形发生在某个用于响应用户请求的服务程序中。每过几个小时我们就需要重新载入并替换现有数据，数量超过 1GB。因为载入过程开销很大，我们不但要把收到的请求数减少，还要在数据载入后强制执行 2 次完全垃圾回收。强制回收会把旧数据清除干净，并保证在第 0 代内存堆中的对象或被回收或被提升为第 2 代。这样等查询请求恢复到满负荷状态后，就不会让开销巨大的完全垃圾回收影响响应速度了。

2.15　必要时对 LOH 进行碎片整理

即便是做了池化处理，还是有可能存在无法控制的内存分配，LOH 也会逐渐变得碎片化。自.NET 4.5.1 开始，你可以指挥 GC 在下一次完全垃圾回收时进行一次碎片整理。

```
GCSettings.LargeObjectHeapCompactionMode =
  GCLargeObjectHeapCompactionMode.CompactOnce;
```

碎片整理的过程可能会比较缓慢，多达几十上百秒，这要视 LOH 的尺寸而定。你也许应该让程序进入一种闲置状态，再调用 GC.Collect 方法来强制进行一次立即执行的完全垃圾回收。

这种碎片整理的设置只会影响下一次完全垃圾回收。一旦下一次完全垃圾回收开始进行，GCSettings.LargeObjectHeapCompactionMode 就会被自动重置为 GCLargeObjectHeapCompactionMode.Default。

因为这种碎片整理的开销很大，我建议你要尽量减少 LOH 的分配量，并进行必要的对象池化，以便能显著减少碎片整理的需求。请把这种碎片整理作为最后的手段，仅当碎片和过大的内存堆已经成为系统问题时才予以考虑。

2.16　在垃圾回收之前获得通知

如果你的应用程序绝对不能受到第 2 代垃圾回收的破坏，那么可以让 GC 在即将执行完全垃圾回收时通知你。这样你就有机会暂停程序的运行，也许是停止向这台主机发送请求，或者是让你的应用程序进入更合适的状态。

这种通知机制貌似能一揽子解决所有的垃圾回收问题，但我还是提醒你要特别小心。只有在尽可能完成了其他优化之后，最后再考虑采用这一招。仅当以下条件都成立时，你才能从垃圾回收通知中受益：

1. 完全垃圾回收的开销过大，以至于程序在正常运行期间无法承受。
2. 你可以完全停止程序的运行（也许这时的工作可以由其他计算机或处理器承担）。
3. 你可以迅速停止程序运行（停止运行的过程不会比真正执行垃圾回收的时间更久，你就不会浪费更多的时间）。
4. 第 2 代垃圾回收很少发生，因此执行一次还是划算的。

只有在大对象和高于第 0 代的对象都已最大程度地减少时，第 2 代垃圾回收才会很少发生。所以要想真正受益于垃圾回收通知，前期还有相当多的工作要准备。

不幸的是，因为垃圾回收的触发时机并不确定，你只能用 1～99 的数字粗略指定获得通知的提前量。数字越小，表示离垃圾回收的时间就越近，就越有可能在你准备就绪之前就启动垃圾回收了。数字越大，离垃圾回收的时间可能就越久，你收到通知的频率就会越高，程序的运行效率也就不高。提前量的取值完全取决于内存的分配量和整体占用情况。请注意需要指定两个数值，一个是第 2 代内存堆的阈值，另一个是 LOH 的阈值。和其他特性一样，垃圾回收器对通知机制只是“尽力而为”。垃圾回收器从不保证你一定能及时躲开垃圾回收的发生。

请按以下步骤使用垃圾回收通知机制。

1．调用 GC.RegisterForFullGCNotification 方法，参数是两个阈值。
2．调用 GC.WaitForFullGCApproach 方法轮询（Poll）垃圾回收状态，可以一直等待下去或者指定一个超时值。
3．如果 WaitForFullGCApproach 方法返回 Success，就将你的程序转入可接受完全垃圾回收的状态（比如切断发往本机的请求）。
4．调用 GC.Collect 方法手动强制执行一次完全垃圾回收。
5．调用 GC.WaitForFullGCComplete（仍可指定一个超时值）等待完全垃圾回收的完成。
6．重新开启请求。
7．如果不想再收到完全垃圾回收的通知，请调用 GC.CancelFullGCNotification 方法。

因为要用到轮询机制，你需要在一个线程中周期性完成检查任务。很多应用程序已经实现了一些“内务”（Housekeeping）线程，用于执行各种计划任务。轮询操作也可以算是一种合适的计划任务，或者你也可以创建一个单独的线程专门完成轮询操作。

以下是来自 GCNotification 项目的一个完整示例，这里的测试程序会不停地分配内存。请运行随书所附源码来进行测试。

```
class Program
{
  static void Main(string[] args)
  {
    const int ArrSize = 1024;
    var arrays = new List<byte[]>();

    GC.RegisterForFullGCNotification(25, 25);

    // 启动一个单独的线程等待接收垃圾回收通知
    Task.Run(()=>WaitForGCThread(null));

    Console.WriteLine("Press any key to exit");
    while (!Console.KeyAvailable)
    {
      try
      {
```

```
      arrays.Add(new byte[ArrSize]);
    }
    catch (OutOfMemoryException)
    {
      Console.WriteLine("OutOfMemoryException!");
     arrays.Clear();
    }
  }

  GC.CancelFullGCNotification();
}

private static void WaitForGCThread(object arg)
{
  const int MaxWaitMs = 10000;
  while (true)
  {
    // 无限期地等待还是会让 WaitForFullGCApproach 过载
    GCNotificationStatus status =
                   GC.WaitForFullGCApproach(MaxWaitMs);
    bool didCollect = false;
    switch (status)
    {
      case GCNotificationStatus.Succeeded:
        Console.WriteLine("GC approaching!");
        Console.WriteLine(
           "-- redirect processing to another machine -- ");
        didCollect = true;
        GC.Collect();
        break;
      case GCNotificationStatus.Canceled:
        Console.WriteLine("GC Notification was canceled");
        break;
      case GCNotificationStatus.Timeout:
        Console.WriteLine("GC notification timed out");
        break;
    }

    if (didCollect)
    {
      do
      {
        status = GC.WaitForFullGCComplete(MaxWaitMs);
        switch (status)
        {
```

```
            case GCNotificationStatus.Succeeded:
              Console.WriteLine("GC completed");
              Console.WriteLine(
              "-- accept processing on this machine again --");
              break;
            case GCNotificationStatus.Canceled:
              Console.WriteLine("GC Notification was canceled");
              break;
            case GCNotificationStatus.Timeout:
              Console.WriteLine("GC completion notification timed out");
              break;
          }
          // 这里的循环不一定有必要
          // 但如果你在进入下一次等待之前还需要检查其他状态，那么就有用了
        } while (status == GCNotificationStatus.Timeout);
      }
    }
  }
}
```

另一种可能要用到通知的理由就是要对 LOH 进行碎片整理，你可能想根据内存使用量来进行整理，这样也许更合理一点。

2.17　用弱引用作为缓存

弱引用（Weak Reference）指向的对象允许被垃圾回收器清理。与之相反，强引用（Strong Reference）会完全阻止所指对象被垃圾回收。有些对象内存开销很大，我们原本是希望它们能长期存活，但在内存实在吃紧时也愿意释放出来。弱引用最大的用处就是缓存这种对象。

```
WeakReference weakRef = new WeakReference(myExpensiveObject);
...
// 创建强引用
// 现在就不会被 GC 考虑了
var myObject = weakRef.Target;
if (myObject != null)
{
  myObject.DoSomethingAwesome();
}
```

WeakReference 带有一个 IsAlive 属性，但只能用于确认对象是否已经消亡，而不能判断是否存活。如果发现 IsAlive 属性为 true，那么你就是在与垃圾回收器赛跑，可能就在你查看 IsAlive 属性之后对象就被回收了。如果你非要这么用，则只能先把弱引用复制给你自

己的强引用再进行判断。

WeakReference 的一种上佳用途就是构建对象缓存区（Cache），有些对象一开始由强引用创建，经过相当长的时间后就会失去作用，然后可被降级由弱引用来保存，最终就可能会被销毁。

2.18 评估和研究垃圾回收性能

在本节中，你将学习很多研究 GC 堆运行状况的技术。很多时候，多种不同的工具会给出相同的信息，每个场景我都会尽量多介绍几种适用的工具。

2.18.1 性能计数器

.NET 为内存堆提供了一些 Windows 性能计数器，都归在.NET CLR Memory 类别下。除了 Allocated Bytes/sec 之外，所有计数器数据都在垃圾回收完成之后更新。如果你发现数据没有变化，那么可能是因为垃圾回收发生的频率不高。

- # Bytes in all Heaps——内存堆合计大小，第 0 代除外（参见第 0 代内存堆尺寸的介绍）。
- # GC Handles——在用句柄数。
- # Gen 0 Collections——自进程启动以来第 0 代垃圾回收的累计次数。请注意该计数器会伴随第 1 代和第 2 代垃圾回收同时递增，因为较高代垃圾回收总是意味着同时发生了所有较低代的垃圾回收。
- # Gen 1 Collections——自进程启动以来第 1 代垃圾回收的累计次数。请注意该计数器会伴随第 2 代垃圾回收同时递增，因为第 2 代垃圾回收意味着同时发生了第 1 代的垃圾回收。
- # Gen 2 Collections——自进程启动以来第 2 代垃圾回收的累计次数。
- # Induced GC——GC.Collect 被调用次数，用于显式启动垃圾回收。
- # of Pinned Objects——回收过程中垃圾回收器发现的固定对象数量。
- # of Sink Blocks in use——每个对象首部（Header）都保存了一些信息，比如哈希码、同步信息。只要对这些对象首部信息存在访问冲突，就会创建同步块（Sink Block）。同步块还可用于 COM 交互元数据（Interop Metadata）。该计数器数值较大可能预示着锁竞争的发生。
- # Total committed Bytes——垃圾回收器已分配的内存数量，实际由页面文件提供。
- # Total reserved Bytes——垃圾回收器保留但还未提交的内存数量。
- % Time in GC——自上一次垃圾回收以来，GC 线程耗费的处理器时间占比。后台垃圾回收不计入该计数器。

- Allocated Bytes/sec——GC 堆每秒分配的字节数。该计数器不会持续更新，仅在垃圾回收开始后才会更新。
- Finalization Survivors——垃圾回收时幸存下来的可终结对象数量，因为这些对象处于等待终结状态（只会在第 1 代回收时发生）。请参阅 Promoted Finalization-Memory from Gen 0 计数器。
- Gen 0 heap size——第 0 代内存堆可分配的内存上限，不是实际已分配出去的字节数。
- Gen 0 Promoted Bytes/Sec——第 0 代内存堆提升至第 1 代内存堆的速度。该值应该越低越好，表示内存生存期较短。
- Gen 1 heap size——上一次垃圾回收之后的第 1 代内存堆的字节数。
- Gen 1 Promoted Bytes/Sec——第 1 代内存堆提升至第 2 代内存堆的速度。该值越高，表示内存生存期越长，也就越适于被池化。
- Gen 2 heap size——上一次垃圾回收之后的第 2 代内存堆的字节数。
- Large Object Heap Size——LOH 所占字节数。
- Promoted Finalization-Memory from Gen 0——被提升为第 1 代内存堆的合计字节数，提升的原因是由于对象引用树中有等待终结的对象存在。它不仅包括可被直接终结的对象，还包括这些对象内部持有的所有引用对象。
- Promoted Memory from Gen 0——上一次垃圾回收之后由第 0 代提升至第 1 代内存堆的字节数。
- Promoted Memory from Gen 1——上一次垃圾回收之后由第 1 代提升至第 2 代内存堆的字节数。

2.18.2　ETW 事件

CLR 会发布大量的 GC 事件。大多数情况下，你都可以依靠工具软件对这些事件进行统计分析。但如果你需要跟踪特定事件，并与你的应用程序的其他事件关联分析，那么理解事件数据的记录方式就很有意义了。你可以在 PerfView 的“Events”视图中查看事件的详细信息。下面列出一些最重要的事件。

- GCStart——垃圾回收已经开始，包括以下数据字段。
  - Count——自进程启动以来发生垃圾回收的次数。
  - Depth——正在进行第几代垃圾回收。
  - Reason——垃圾回收的触发原因。
  - Type——阻塞（Blocking）、后台（Background）、阻塞加后台。
- GCEnd——垃圾回收已经结束，包括 1 个数据字段。

  Count、Depth——和 GCStart 相同。

- GCHeapStats——在垃圾回收结束之后的内存堆状态。
  这里的字段较多，描述了内存堆的方方面面，比如每代堆的大小、已获提升的字节数、终结对象数、句柄数等。
- GCCreateSegment——创建了一个新的内存段，包括以下数据字段。
  - Address——内存段的地址。
  - Size——内存段的大小。
  - Type——小对象堆或大对象堆。
- GCFreeSegment——有 1 个内存段被释放，只包含 1 个数据字段。
  Address——内存段的地址。
- GCAllocationTick——每分配 100KB 内存就触发 1 次（累计），包括以下数据字段。
  - AllocationSize——本次内存分配的精确大小。
  - Kind——小对象堆或大对象堆。

其他事件还有很多，比如垃圾回收期间的终结方法和线程控制。更多信息可以查看 http://www.writinghighperf.net/go/16。

2.18.3 垃圾回收的耗时

GC 为自己的运行过程记录了很多事件。你可以用 PerfView 以多种方式高效浏览这些事件。

为了查看 GC 的状态，请启动 AllocateAndRelease 示例。

启动 PerfView 并按以下步骤进行。

1. 选择“Collect | Collect”（按下 Alt+C）。
2. 展开“Advanced Options”。你可以选择把 GC 之外的其他所有事件类型都关闭，但这次还是保留默认选项，因为 GC 事件包含在.NET 事件当中。
3. 勾选“No V3.X NGEN Symbols”（这会加快符号解析的速度）。
4. 单击“Start Collection”。
5. 等待几分钟，PerfView 正在评估进程的运行情况。（如果数据收集过程过长，你可以考虑关闭 CPU 事件的收集。）
6. 单击“Stop Collection”。
7. 等待文件合并完成。
8. 在结果树中双击“GCStats”节点，会弹出一个新的页面。
9. 找到你的进程查看数据汇总表，给出了每代回收的平均暂停时间、已发生的垃圾回收次数、已分配的内存字节数等很多信息。图 2-1 是汇总表示例。

GC Rollup By Generation										
All times are in msec.										
Gen	Count	Max Pause	Max Peak MB	Max Alloc MB/sec	Total Pause	Total Alloc MB	Alloc MB/ MSec GC	Survived MB/ MSec GC	Mean Pause	Induced
ALL	12651	12.3	5.5	291.128	1,495.3	25,648.2	17.2	Infinity	0.1	0
0	11780	0.7	5.4	261.359	716.6	23,816.5	0.0	Infinity	0.1	0
1	0	0.0	0.0	0.000	0.0	0.0	0.0	NaN	NaN	0
2	871	12.3	5.5	291.128	778.7	1,831.7	0.0	Infinity	0.9	0

图 2-1 AllocateAndRelease 示例程序的 GCStats 表。它给出了垃圾回收次数、平均（Mean）/最大（Max）暂停次数和内存分配速度等状态信息

2.18.4 内存分配的发生时机

如果要查看内存是为哪些对象分配的、何时分配的，那么，PerfView 就是一个很好的工具。

1. PerfView 既可以收集.NET 事件，也可以只收集 GC 事件。
2. 收集完毕后，打开“GC Heap Alloc Ignore Free (Coarse Sampling) Stacks”[①]视图，在进程列表中选择相应进程（可以用 AllocateAndRelease 例程为例）。
3. 在“By Name”页将给出按总分配大小排序的所有类型的内存分配。双击类型名称就会跳转到“Callers”页，显示引发内存分配的调用栈，如图 2-2 所示。

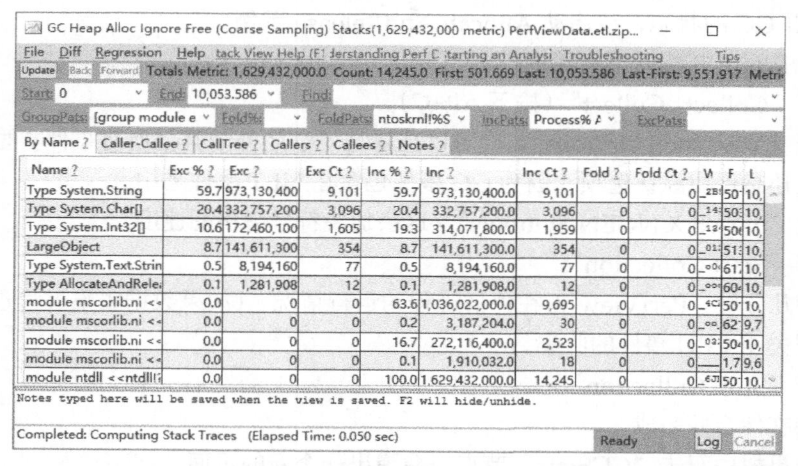

图 2-2 GC Heap Alloc Ignore Free (Coarse Sampling) Stacks 视图显示出最常用的进程内存分配情况。“LargeObject”项是一个伪节点，双击后会打开 LOH 中分配内存的真实对象

① 原文为“GC Heap Alloc Stacks”。PerfView 自 Version 1.6.28 开始，已改为“GC Heap Alloc Ignore Free (Coarse Sampling) Stacks”。

关于充分利用 PerfView 视图的更多信息，请参阅第 1 章。

通过上述信息，你应该能弄明白示例程序中所有内存分配行为的调用栈，以及相对频率（Relative Frequency）。比如在我的分析过程中，String 的分配数大概是占了总内存分配次数的 59.7%。

用 CLR Profiler 也可以查看这些信息，并以多种形式显示出来。

每当完成一次数据收集，就会打开“Summary”窗口。再单击“Allocation Graph”按钮，就会打开图形化界面，显示出对象分配的跟踪过程及相应的方法名称，如图 2-3 所示。

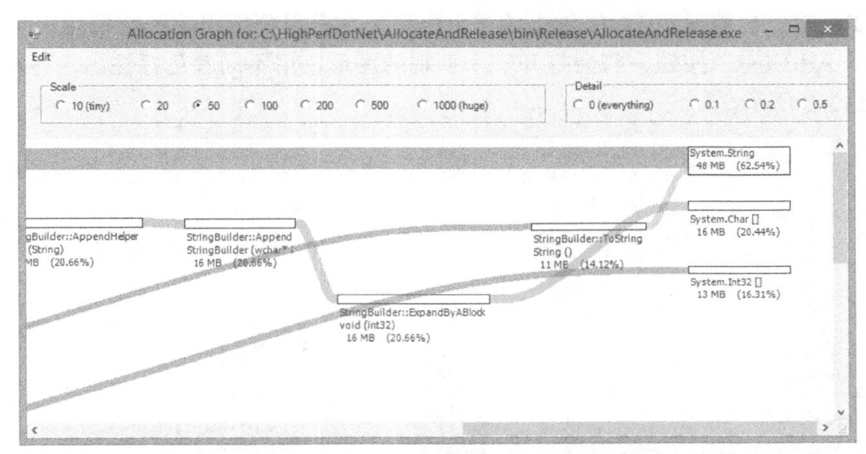

图 2-3 CLR Profiler 可视化展示了对象分配的调用栈，能把最需要关注的对象迅速地显示出来

Visual Studio 性能分析工具也能获取这些内存分配信息并像 CPU 采样数据那样显示出来。

内存分配频率最高的对象基本上也就是触发垃圾回收最多的，减少这类对象的内存分配就能降低垃圾回收的发生频率。

2.18.5 查看已在 LOH 中分配内存的对象

为了确保系统的性能，知道 LOH 中当前已分配的对象是至关重要的。本章介绍的第一条原则就是，所有对象都应该在第 0 代垃圾回收时得以清理，不然就该永久存活下去。

大对象只能由开销巨大的第 2 代垃圾回收进行清理，因此根本就不遵守上述原则。

利用 PerfView，按照之前获取 GC 事件的步骤操作，就可以查看 LOH 中存在的对象。在“GC Heap Alloc Ignore Free (Coarse Sampling) Stacks”视图的“By Name”页中，你会发现一个名为“LargeObject”的特殊节点，这是由 PerfView 生成的，双击它就会跳转到“Callers”页，显示出 LargeObject 的所有“调用者”。在前面的示例程序中，大对象都是 Int32 型的数组。逐个双击这些对象，就会显示发生内存分配的方法，如图 2-4 所示。

Methods that call LargeObject

Name ?	Inc % ?	Inc ?
☑LargeObject	8.8	302,824,200.0
+☑Type System.Int32[]	8.8	302,824,200.0
+☑OTHER <<clr!JIT_NewArr1>>	8.8	302,824,200.0
+☑AllocateAndRelease!AllocateAndRelease.Program.CreateArray(bool)	8.8	302,824,200.0
+☑AllocateAndRelease!AllocateAndRelease.Program.DoAnAllocation()	8.8	302,824,200.0
+☐AllocateAndRelease!AllocateAndRelease.Program.Main(class System.Strin	8.8	302,824,200.0

图 2-4　PerfView 可以把大对象、对象类型、分配内存时的调用栈一并显示出来

CLR Profiler 也能显示 LOH 堆中的对象类型。在获得分析跟踪的结果后，单击“View Objects by Address”按钮，将会打开一个直观的图形，用不同颜色标注出内存堆中的各种对象，如图 2-5 所示。

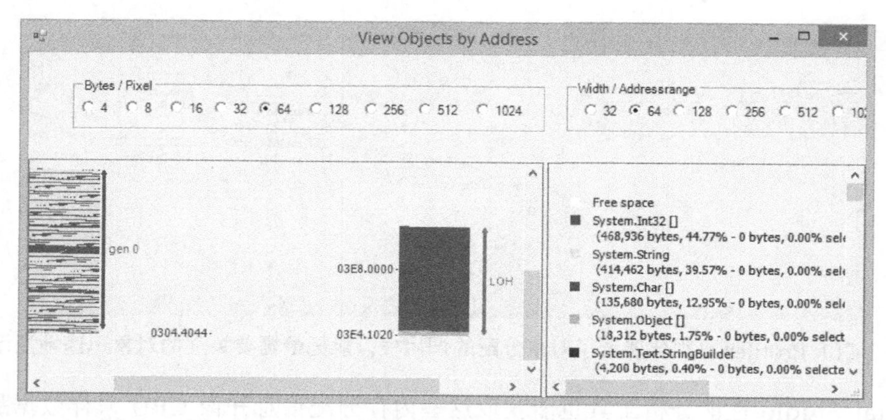

图 2-5　用 CLR Profiler 可视化地展示 LOH 中已分配内存的对象

如果要查看对象的调用栈，右击相应的类型，选择 Show Who Allocated 即可。在弹出的窗口中将会显示内存分配示意图，结果类似于 PerfView，只是变成了彩色版，如图 2-6 所示。

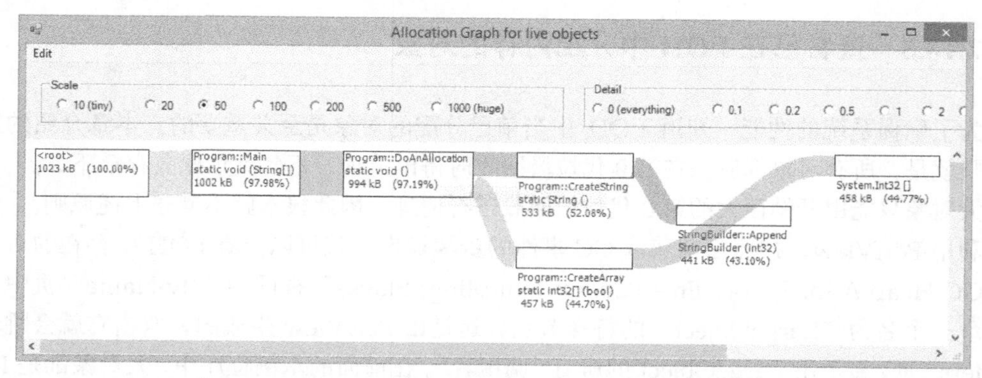

图 2-6　用 CLR Profiler 可视化地展示对象分配的调用栈

2.18.6 查看内存堆中的全部对象

PerfView 还可以将整个内存堆都转储出来（Dump），然后将对象之间的关系全部显示出来。PerfView 将用堆栈视图显示结果，但与其他方式的堆栈视图有细微的差别。比如在“GC Heap Alloc Ignore Free (Coarse Sampling) Stacks”视图中，你看到的是已分配内存对象的调用栈，而“GC Heap Dump”视图则以堆栈形式展示了对象的引用关系，也就是对象的“拥用者”。

请在 PerfView 中按以下步骤查看内存堆中的全部对象。

1. 在“Memory”菜单中选择“Heap Snapshot”。请注意这不会暂停进程的运行（除非勾选了“Freeze”选项），但会明显影响进程的运行性能。
2. 在结果对话框中高亮选中需要监视的进程。
3. 单击“Dump GC Heap”。
4. 等待数据收集完成，关闭窗口。
5. 从 PerfView 的文件树中打开文件（可能在关闭数据收集窗口后会自动打开）。

让我们来看一下 LargeMemoryUsage 示例程序。

```
class Program
{
  const int ArraySize = 1000;
  static object[] staticArray = new object[ArraySize];

  static void Main(string[] args)
  {
    object[] localArray = new object[ArraySize];

    Random rand = new Random();
    for (int i = 0; i < ArraySize; i++)
    {
      staticArray[i] = GetNewObject(rand.Next(0, 4));
      localArray[i] = GetNewObject(rand.Next(0, 4));
    }

    Console.WriteLine(
         "Use PerfView to examine heap now. Press any key to exit...");
    Console.ReadKey();

    // 在获得内存堆快照之前，阻止 localArray 被垃圾回收
    Console.WriteLine(staticArray.Length);
    Console.WriteLine(localArray.Length);
```

```
        }

        private static Base GetNewObject(int type)
        {
          Base obj = null;
          switch (type)
          {
            case 0: obj = new A(); break;
            case 1: obj = new B(); break;
            case 2: obj = new C(); break;
            case 3: obj = new D(); break;
          }
          return obj;
        }
      }

      class Base
      {
        private byte[] memory;
        protected Base(int size) { this.memory = new byte[size]; }
      }

      class A : Base { public A() : base(1000) { } }
      class B : Base { public B() : base(10000) { } }
      class C : Base { public C() : base(100000) { } }
      class D : Base { public D() : base(1000000) { } }
```

你将看到如图 2-7 所示的结果。

Name	Exc %	Exc	Exc Ct	Inc %	Inc
LargeMemoryUsage!LargeMemoryUsage.D	88.5	462,013,000	924	88.5	462,013,000.0
LargeMemoryUsage!LargeMemoryUsage.C	10.4	54,213,010	1,084	10.4	54,213,010.0
LargeMemoryUsage!LargeMemoryUsage.B	1.0	5,242,552	1,046	1.0	5,242,552.0
LargeMemoryUsage!LargeMemoryUsage.A	0.1	484,352	946	0.1	484,352.0
[Pinned handle]	0.0	21,586	153	0.0	22,926.0
[local var]	0.0	4,032	3	49.5	258,117,400.0
[static var LargeMemoryUsage.Program.staticArray]	0.0	4,016	2	50.5	263,847,600.0

图 2-7　PerfView 对大对象的跟踪分析结果

你立即会发现，D 类对象占用了 462MB 内存，相当于整个程序所占内存的 88%，其中包含了 924 个对象。你还可以发现局部变量占用的内存高达 258MB，staticArray 对象居然占用了 263MB 内存。

在 D 类上双击，跳转到“Referred-From”视图，显示效果如图 2-8 所示。

Objects that refer to LargeMemoryUsage!LargeMemoryUsage.D

Name ?	Inc % ?	Inc ?	Inc Ct ?	Exc % ?	Exc ?
☑LargeMemoryUsage!LargeMemoryUsage.D ?	88.5	462,013,000.0	924	88.5	462,013,000
+☐[static var LargeMemoryUsage.Program.staticArray] ?	44.8	234,006,300.0	468	0.0	0
+☑[local var] ?	43.7	228,006,800.0	456	0.0	0
+☑[.NET Roots] ?	43.7	228,006,800.0	456	0.0	0
+☑ROOT ?	43.7	228,006,800.0	456	0.0	0

图 2-8　PerfView 以表格的形式显示对象关系栈，只要习惯了就很容易理解

以上视图清晰地显示出，D 对象属于 staticArray 变量和 1 个局部变量（经过编译失去了变量名）。

Visual Studio 2013 自带了一个新的“Managed Heap Analysis[①]”视图，与 PerfView 的思路很相似。你可以在打开一个托管内存转储文件后使用这个视图，如图 2-9 所示。

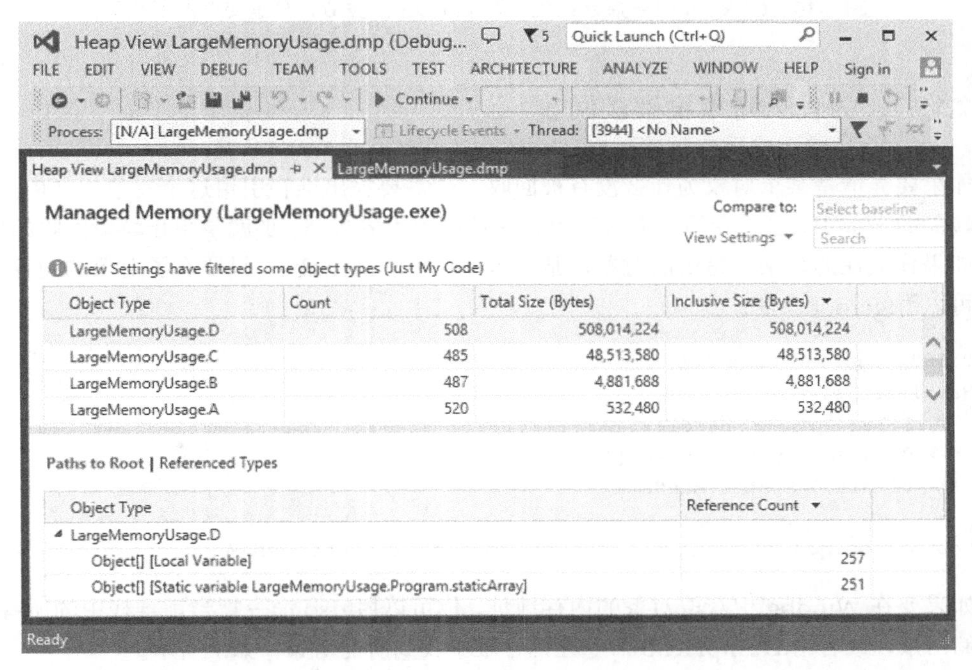

图 2-9　Visual Studio 2013 包含了托管堆分析视图，能对托管内存转储文件进行分析

CLR Profiler 也可以用图形化的方式显示同样的内存堆信息。在你的应用程序运行的时候，单击“Show Heap now”按钮开始收集内存堆样本数据。生成的结果视图如图 2-10 所示。

---

① “Managed Heap Analysis”视图属于“.NET 内存转储分析”(.NET Memory Dump Analysis) 功能，需要 Visual Studio 2013 Ultimate 以上版本才支持。

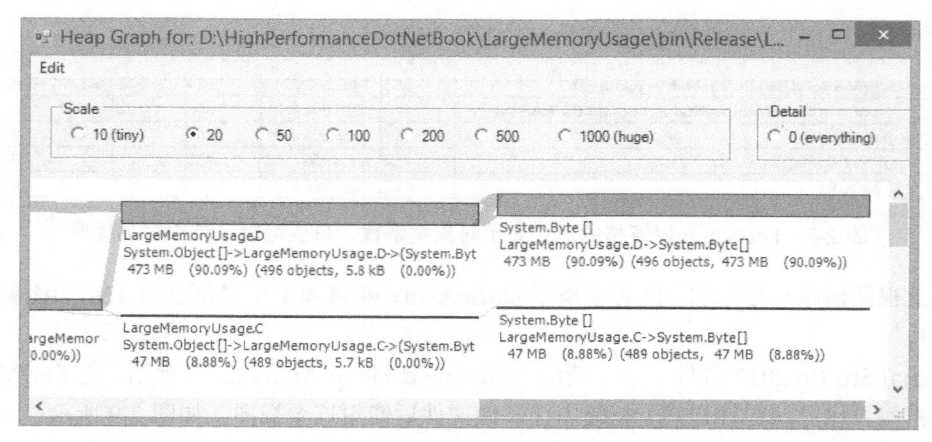

图 2-10　CLR Profiler 展示的信息与 PerfView 类似，只是变得图形化了

2.18.7　为什么对象没有被回收

如果要弄清楚某个对象为什么没有被回收，你需要找出谁在引用这个对象。之前关于内存堆转储的一节中，已经介绍了查看对象正在被谁引用的方法，那就是阻止垃圾回收的原因。

如果你关注的是某个特定的对象，那么你可以使用 Windbg。只要有了对象的内存地址，你就可以用!gcroot 命令。

```
0:003> !gcroot 02ed1fc0
HandleTable:
  012113ec (pinned handle)
  -> 03ed33a8 System.Object[]
  -> 02ed1fc0 System.Random

Found 1 unique roots (run '!GCRoot -all' to see all roots).
```

如果要在 Windbg 中获取对象的内存地址，你可以用!dso 命令把当前堆栈中的所有对象都转储出来，或者用!DumpHeap 命令在内存堆中找到所需对象，如下所示。

```
0:004> !DumpHeap -type LargeMemoryUsage.C
 Address     MT   Size
021b17f0 007d3954     12
021b664c 007d3954     12
...


Statistics:
    MT  Count  TotalSize Class Name
```

```
007d3954    475     5700 LargeMemoryUsage.C
Total 475 objects
```

通常!gcroot 就够用了，但有时候它会失效，特别是当对象的根引用来自于上代内存堆中时，这时就需要用到!findroots 命令了。

为了能让!gcroot 命令生效，必须首先在 GC 中设置断点，就在垃圾回收即将发生的时刻。可以用以下命令来完成。

```
!findroots -gen 0
g
```

这条命令在下一次第 0 代垃圾回收前设置断点。断点是一次性的，要想在下一次垃圾回收之前中断，必须再运行一遍命令。

一旦代码中断运行，你就要运行以下命令查找所需对象。

```
!findroots 027624fc
```

如果对象所处的内存堆已经比当前垃圾回收的代数更高，那么你会看到如下输出信息。

```
Object 027624fc will survive this collection:
  gen(0x27624fc) = 1 > 0 = condemned generation.
```

如果对象处于当前正在回收的内存堆中，但根引用是来自上代内存堆，你会看到以下类似信息。

```
older generations::Root:  027624fc (object)->
  023124d4(System.Collections.Generic.List`1
  [[System.Object, mscorlib]])
```

2.18.8 哪些对象被固定着

如前所述，性能计数器能显示垃圾回收过程中遇到了多少固定对象（Pinned），但这无助于了解是哪些对象被固定了。

请打开 Pinning 示例项目，里面用显式的 fixed 语句固定了一些对象，并调用了一些 Windows API。

请用 Windbg 来查看固定对象，命令如下（同时包含了例程的输出信息）。

```
0:010> !gchandles
  Handle Type      Object    Size   Data Type
…
003511f8 Strong    01fa5dbc    52      System.Threading.Thread
003511fc Strong    01fa1330   112      System.AppDomain
```

```
003513ec Pinned    02fa33a8   8176     System.Object[]
003513f0 Pinned    02fa2398   4096     System.Object[]
003513f4 Pinned    02fa2178    528     System.Object[]
003513f8 Pinned    01fa121c     12     System.Object
003513fc Pinned    02fa1020   4420     System.Object[]
003514fc AsyncPinned 01fa3d04    64    System.Threading.OverlappedData
```

通常你会看到有很多 System.Object[] 对象被固定了。CLR 内部将这些数组用于静态对象及其他固定对象。在上述例子中，你可以看到一个 AsyncPinned 句柄，这是一个与示例程序中的 FileSystemWatcher 关联的对象。

不幸的是，Windbg 不会告诉你对象被固定的原因，但一般可以查到这些固定对象并反向追踪到它们实际代表的对象。

下面的 Windbg 调试过程演示了如何通过引用关系追踪到上层对象，也许能为找到原始的固定对象提供一些线索。请注意跟踪粗体部分的引用。

```
0:010> !do 01fa3d04
Name:  System.Threading.OverlappedData
MethodTable: 64535470
EEClass:   646445e0
Size:  64(0x40) bytes
File:
C:\windows\Microsoft.Net\assembly\GAC_32\mscorlib\v4.0_4.0.0.0__b77a5c56193
4e089\mscorlib.dll
Fields:
  MT  Field   Offset   Type VT   Attr  Value Name
64927254  4000700  4  System.IAsyncResult  0 instance 020a7a60
m_asyncResult
64924904  4000701  8 ...ompletionCallback  0 instance 020a7a70 m_iocb
...
0:010> !do 020a7a70
Name:  System.Threading.IOCompletionCallback
MethodTable: 64924904
EEClass:  6463d320
Size:  32(0x20) bytes
File:
C:\windows\Microsoft.Net\assembly\GAC_32\mscorlib\v4.0_4.0.0.0__b77a5c56193
4e089\mscorlib.dll
Fields:
  MT  Field   Offset   Type VT   Attr  Value Name
649326a4  400002d  4  System.Object  0 instance 01fa2bcc _target
...
0:010> !do 01fa2bcc
Name:  System.IO.FileSystemWatcher
```

```
MethodTable: 6a6b86c8
EEClass:   6a49c340
Size:  92(0x5c) bytes
File:
C:\windows\Microsoft.Net\assembly\GAC_MSIL\System\v4.0_4.0.0.0__b77a5c56193
4e089\System.dll
Fields:
  MT  Field   Offset   Type VT   Attr  Value Name
649326a4  400019a  4  System.Object  0 instance 00000000 __identity
6a699b44  40002d2  8 ...ponentModel.ISite  0 instance 00000000 site
...
```

尽管 Windbg 提供的功能最为强大，但用得再熟练也都是很繁琐的。你可以换用 PerfView，这样很多工作都可以得到简化。

在用 PerfView 分析时，你会看到一个名为“Pinning at GC Time Stacks”的视图，用于显示垃圾收集过程中被固定住的对象调用栈，如图 2-11 所示。

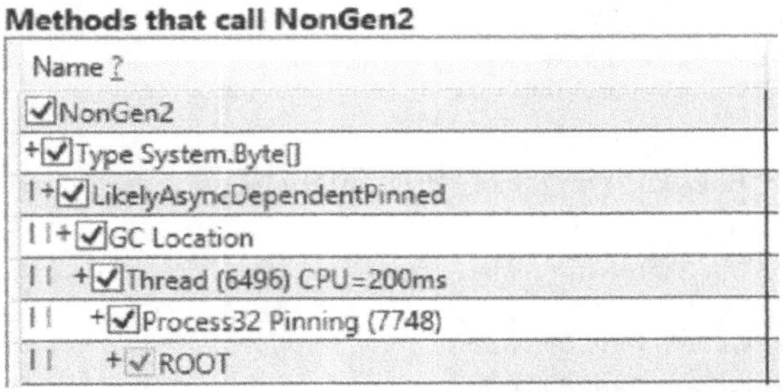

Methods that call NonGen2

Name ?
NonGen2
+Type System.Byte[]
|+LikelyAsyncDependentPinned
||+GC Location
|| +Thread (6496) CPU=200ms
|| +Process32 Pinning (7748)
|| +ROOT

图 2-11 PerfView 将会展示垃圾回收过程中哪些类型的对象被固定住了，并且会追根溯源将其可能的引用关系显示出来

下一节将会讨论内存堆中的不连续空闲块（Hole），查找这些内存碎片时还会遇到固定对象问题。

2.18.9 内存碎片的产生时机

如果在已占用的内存段中存在空闲的内存块，就会产生内存碎片。内存碎片的概念可能存在于多个层级，可能是在 GC 堆的内存段中，也可能存在于整个进程的虚拟内存这一级。

第 0 代内存堆中的内存碎片通常不会有什么问题，除非出现了非常严重的对象固定问题。也就是被固定的对象太多了，每个空闲内存块都不足以分配给新的对象，这会导致小对象堆的增长，并增加垃圾回收次数。通常在第 2 代内存堆或者 LOH 中，内存碎片问题会更加突出。特别是未启用后台垃圾回收的时候。你也许会发现内存碎片化程度看起来会很高，有时甚至会达到 50%，但这不一定表示有问题存在。请考虑一下整个内存堆的大小，如果尚在可接受范围内并且没有持续增长，也许你就不必理会。

发现 GC 堆的碎片相对容易一些。让我们从 Windbg 开始，学习如何发现碎片问题吧。

用!DumpHeap –type Free 命令可以列出所有空闲内存块。

```
0:010> !DumpHeap -type Free
 Address       MT     Size
02371000 008209f8       10 Free
0237100c 008209f8       10 Free
02371018 008209f8       10 Free
023a1fe8 008209f8       10 Free
023a3fdc 008209f8       22 Free
023abdb4 008209f8      574 Free
023adfc4 008209f8       46 Free
023bbd38 008209f8      698 Free
023bdfe0 008209f8       18 Free
023d19c0 008209f8     1586 Free
023d3fd8 008209f8       26 Free
023e578c 008209f8     2150 Free
...
```

用!eeheap –gc 命令可以列出每个内存块所属的内存段。

```
0:010> !eeheap -gc
Number of GC Heaps: 1
generation 0 starts at 0x02371018
generation 1 starts at 0x0237100c
generation 2 starts at 0x02371000
ephemeral segment allocation context: none
     segment       begin    allocated  size
02370000  02371000  02539ff4  0x1c8ff4(1871860)
Large object heap starts at 0x03371000
     segment       begin    allocated  size
03370000  03371000  03375398  0x4398(17304)
Total Size:         Size: 0x1cd38c (1889164) bytes.
------------------------------
GC Heap Size:  Size: 0x1cd38c (1889164) bytes.
```

可以把整个内存段或空闲块附近的所有对象都转储出来。

```
0:010> !DumpHeap 0x02371000 02539ff4
 Address       MT    Size
02371000 008209f8       10 Free
0237100c 008209f8       10 Free
02371018 008209f8       10 Free
```

```
02371024 713622fc    84
02371078 71362450    84
023710cc 71362494    84
02371120 713624d8    84
02371174 7136251c    84
023711c8 7136251c    84
0237121c 71362554 12
...
```

所有步骤都需手工录入，繁琐但确实很实用，你应该了解这种方法。你可以编写一个脚本处理输出，根据上一条命令的输出来生成下一条 Windbg 命令。CLR Profiler 可以用图形化汇总表的形式显示同样的信息，或许也够你用的了，如图 2-12 所示。

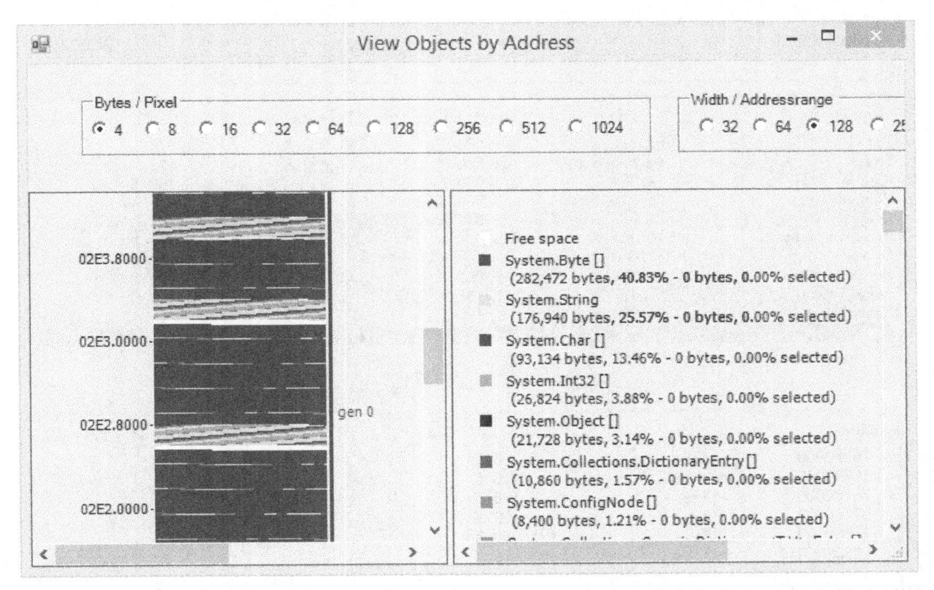

图 2-12 CLR Profiler 可以把内存堆的情况图形化展示出来，这样就能发现空闲内存块旁边存放的是什么类型的对象。本图中空闲内存块被 System.Byte[] 和各种其他类型包围着

你还可以去查找一下虚拟内存中的碎片。因为假如找不到足够大的内存区域，虚拟内存碎片会导致非托管内存分配失败。这种非托管内存分配包括了 GC 堆内存段的分配，也就是说托管内存的分配也会一起失败。

虚拟内存碎片在 32 位进程中更有可能产生，因为应用程序默认的内存地址空间上限是 2GB。当发生问题时，最明显的信号就是触发了 OutOfMemoryException。最简单的修复方法就是把应用程序转换为 64 位，以获取 128TB 的地址空间。如果无法转换为 64 位应用，那你唯一的选择就是同时大幅提升非托管和托管内存的分配效率。你需要确保内存堆能够进行碎片整理，也许还需要实现有效的池化。你可以利用 VMMap（SysInternal 实用工具集的成员）来获取进程的内存分布图。VMMap 会把内存堆划分为托管堆、本机堆和空闲区。选中 Free 部分将会把当前所有标记为空闲的内存段显示出来，如图 2-13 所示。如果最大块的空闲内存段都不够分配的，那么就会触发 OutOfMemoryException。

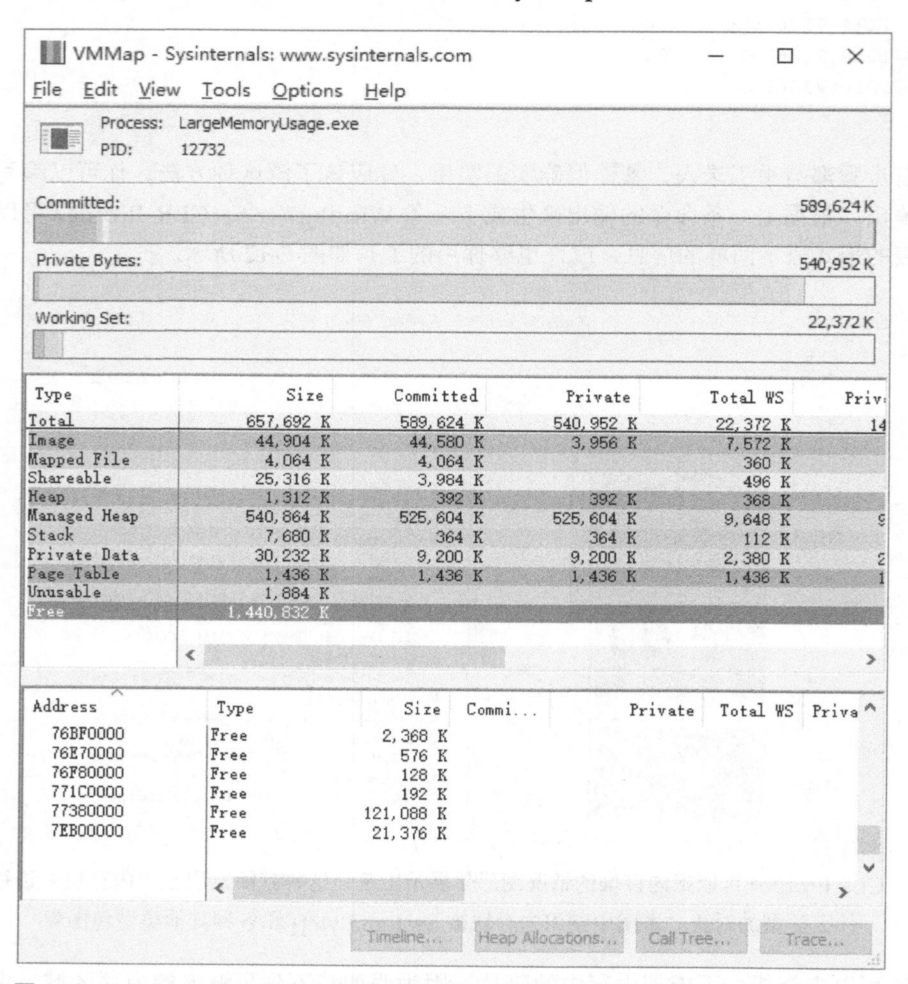

图 2-13　VMMap 可以显示大量与内存有关的信息，包括所有空闲块的地址区间。本图中最大的内存块超过了 1.4GB，真富裕

VMMap 还带有一个“碎片视图”（Fragmentation View），能够显示内存碎片在整个进程地址空间中的位置，如图 2-14 所示。

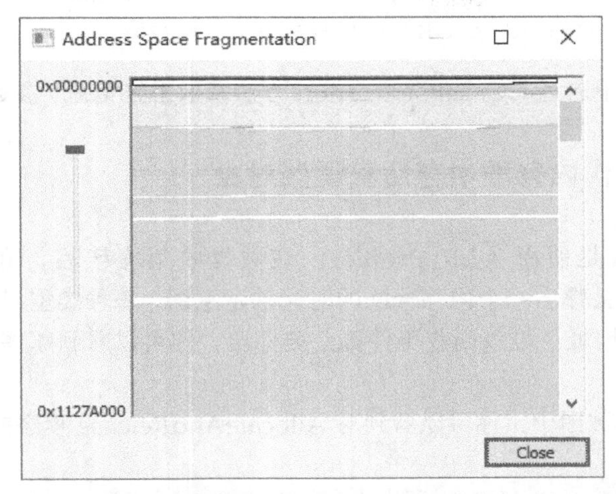

图 2-14　VMMap 的碎片视图显示出空闲内存块与其他内存段的位置关系

你还可以在 Windbg 中用以下命令获取这些信息。

```
!address -summary
```

产生的输出如下所示。

```
...
-- Largest Region by Usage -- Base Address -- Region Size --
Free                 26770000    49320000 (1.144 Gb)
...
```

可以用以下命令获取指定内存块的信息。

```
!address -f:Free
```

输出如下所示。

```
BaseAddr EndAddr+1 RgnSize  Type State   Protect     Usage
-------------------------------------------------------------
   0   150000   150000    MEM_FREE  PAGE_NOACCESS Free
```

2.18.10　对象位于第几代内存堆中

用 Windbg 可以查到指定对象属于第几代内存堆。只要获取了对象的地址（用!DumpStackObjects 或!DumpHeap 可以查到），就可以用!gcwhere 命令进行查询。

```
0:003> !gcwhere 02ed1fc0
Address   Gen Heap segment  begin  allocated size
```

```
02ed1fc0  1    0  02ed0000 02ed1000 02fe5d4c  0x14(20)
```

你还可以在代码中通过 GC.GetGeneration 方法获取上述信息，参数为所需查询的对象。

2.18.11　第 0 代内存堆中存活着哪些对象

最容易的方法就是使用 CLR Profiler。在数据收集完毕后，在结果对话框中单击“Timeline”按钮。将会弹出一个内存分配的时光轴示意图，每种类型对象都用不同颜色标注出来。纵坐标是内存地址。垃圾回收事件都会被标出，你可以看到哪些对象消失了，哪些则一直存活着。

在图 2-15 的屏幕截图中，你可以看到对 AllocateAndRelease 程序的分析数据。

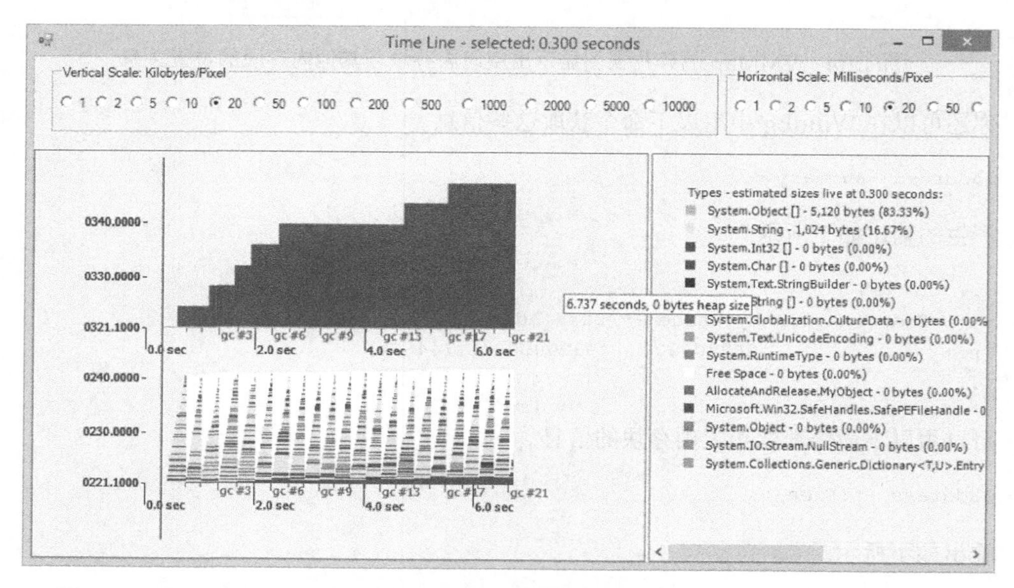

图 2-15　CLR Profiler 的时间轴视图很容易就能看出垃圾回收过程中存活下来的对象

每次垃圾回收都被标记出来了（第 0 代垃圾回收被标为红色）。图表的下部是每次垃圾回收时被清理掉的各类对象，看起来很像锯齿状。深绿色的 System.Char[] 正在缓慢增长，表明是存活下来并提升为第 1 代。在图表的上部是正在增长的 System.Int32[]，这里表示 LOH，因为还没有发生过第 2 代回收，所以就没有清理过。

CLR Profiler 能够获得内存分配的全貌，这一点十分强大，可用来作为分析存活对象的第一步工具。但有时候你需要获取非常详细的信息，也许是针对某个特定的对象。由于体积过大和其他一些限制因素，CLR Profiler 可能无法对进程进行监控。这时就需要用到 Windbg 来对垃圾回收后的某个对象进行精确查看。通过一小段脚本，你甚至可以自动化分析过程，以获得统计数字。

先把 Windbg 附着（Attach）于进程并载入 SOS，然后执行以下命令。

```
!FindRoots -gen 0
g
```

这样就在下一次第 0 代垃圾回收即将开始时设置了 1 个断点。在断点中断后，你就可以发送命令转储内存堆中的任何对象。你也可以只是简单地执行以下命令。

```
!DumpHeap
```

这会把内存堆中的所有对象都转储出来，也许数量太多了。你还可以添加-stat 参数来限制输出，只显示所有对象的统计信息（数量、大小、类型）。当然，如果你想只对第 0 代内存堆进行分析，你可以给!DumpHeap 命令指定地址区间。这样就带来了一个问题，如何找到第 0 代内存堆的地址区间呢？用另一条 SOS 命令就可以了。请回忆一下本章开头有关内存段的介绍内容。内存段一般如下所示。

Gen 2	Gen 1	Gen 0

请注意，第 0 代内存堆的位置是在内存段的最后，它的末端也就是该内存段的末端。详细信息请参考本章的开始部分。

你可以用 eeheap –gc 命令获取内存堆和内存段的列表。

```
0:003> !eeheap -gc
Number of GC Heaps: 1
generation 0 starts at 0x02ef0400
generation 1 starts at 0x02ed100c
generation 2 starts at 0x02ed1000
ephemeral segment allocation context: none
     segment  begin   allocated  size
02ed0000  02ed1000  02fe5d4c 0x114d4c(1133900)
Large object heap starts at 0x03ed1000
     segment  begin     allocated  size
03ed0000  03ed1000  041e2898  0x311898(3217560)
Total Size:       Size: 0x4265e4 (4351460) bytes.
------------------------------
GC Heap Size:  Size: 0x4265e4 (4351460) bytes.
```

上述命令会打印出每一代内存堆和每一个内存段。包含第 0 代和第 1 代内存堆的内存段被称为 Ephemeral Segment（暂时段）。!eeheap 命令给出了第 0 代内存堆的起始地址，只需要找到包含该起始地址的内存段，你就能得到第 0 代内存堆的终点地址。每个内存段都带有地址和长度。在上述例子中，Ephemeral Segment 从 02ed0000 开始，到 02fe5d4c 结束。因此第 0 代内存堆的地址区间就是 02ef0400～02fe5d4c。

有了地址区间，你可以给 DumpHeap 命令增加一些限制参数，以便只打印第 0 代内存堆的对象。

```
!DumpHeap 02ef0400 02fe5d4c
```

执行完这条命令，你就应该和垃圾回收刚刚完成之后的结果进行比较。这里存在一点小小的困难，你需要在 CLR 内部方法中设置断点。CLR 会在即将继续运行托管代码的时候调用这个方法。如果垃圾回收采用了工作站模式，请调用

```
bp clr!WKS::GCHeap::RestartEE
```

服务器模式则为

```
bp clr!SVR::GCHeap::RestartEE
```

断点设置完毕后，继续运行程序（按 F5 键或执行 g 命令）。垃圾回收一完成，程序就会再次中断，你就能再次执行!eeheap –gc 和!DumpHeap 命令获取结果了。

现在你就拥有了两份输出结果，通过对比就可以发现变化情况，知道哪些对象在垃圾回收之后还保留在内存中。通过本节介绍的其他命令和技巧，你还可以知道这些存活的对象都是被谁引用着。

> **注意**
>
> 如果垃圾回收采用了服务器模式，那么请别忘了会有多个内存堆存在。你需要对每个堆都重复上述命令，才能完成分析。!eeheap 会打印出进程中所有内存堆的信息。

2.18.12　谁在显式调用 GC.Collect 方法

请在 Windbg 中执行以下命令，在 GC 类的 Collect 方法上设置托管断点。

```
!bpmd mscorlib.dll System.GC.Collect
```

继续运行程序。一旦命中断点，就可以执行以下命令查看调用栈跟踪信息，分析显式执行垃圾回收的对象。

```
!DumpStack
```

2.18.13　进程中存在哪些弱引用

因为弱引用是一种 GC 句柄，在 Windbg 中你可以用!gchandles 命令来找到它们。

```
0:003> !gchandles
PDB symbol for clr.dll not loaded
  Handle Type      Object   Size  Data Type
006b12f4 WeakShort   022a3c8c  100   System.Diagnostics.Tracing...
006b12fc WeakShort   022a3afc  52  System.Threading.Thread
006b10f8 WeakLong  022a3ddc  32  Microsoft.Win32.UnsafeNati...
006b11d0 Strong    022a3460  48  System.Object[]
...

Handles:
  Strong Handles:     11
  Pinned Handles:     5
  Weak Long Handles: 1
  Weak Short Handles:   2
```

对于上述例子而言，Weak Long 和 Weak Short 的区别并不怎么要紧。Weak Long 类型的句柄记录着已终结的对象是否又复活了。如果某个对象已被标为终结但还未被 GC 清理，却又被使用到了，这就是对象复活。对象复活可能与池化有关。但是池化是有可能不终结对象的，考虑到对象复活让事情变得复杂了，为了确保对象的方法能够正常执行，请避免对象复活的发生。

2.19 小结

为了能让应用程序真正获得性能的优化，你需要深入了解垃圾回收的过程。请为应用程序选择正确的配置参数，比如在独占主机时选用服务器模式的垃圾回收机制。请尽量缩短对象的生存期，减少内存分配次数。把那些生存期必须长于平均垃圾回收频率的对象全部都进行池化，或者让它们在第 2 代内存堆中永久性存活下去。

尽可能避免对象固定和使用终结方法。所有 LOH 中的内存分配都应该池化并维持永久存活，以避免发生完全垃圾回收。让对象维持统一大小，偶尔也适时进行一次碎片整理，以减少 LOH 中的内存碎片。为了避免不合时宜的完全垃圾回收对应用程序的影响，可以考虑使用垃圾回收通知。

垃圾回收器的行为是确定可控的，通过仔细调整对象分配频率和生存期，你就可以控制垃圾回收器的行为。与.NET 的垃圾回收器相伴，你并不会放弃控制权，只是需要更多的技巧和分析。

第 3 章　JIT 编译

.NET 的代码以微软中间语言（Microsoft Intermediate Language，MSIL，或直接简称为 IL）的程序集（Assembly）形式发布。这种中间语言有点类似于汇编语言，但更为简单。如果你希望对 IL 或其他 CLR 标准有更多的了解，请参阅 http://www.writinghighperf.net/go/17 给出的文档。

托管程序在运行时会加载 CLR，CLR 会先执行一些封装代码，都是汇编代码。程序集的托管代码在第一次运行时，都会执行一小段调用即时编译器（Just-in-Time，JIT）的“桩”代码（Stub），JIT 会把方法的 IL 转换为硬件汇编指令。这个过程被称为即时编译（JITting）。这一小段代码会被替换为编译好的汇编指令，下次再调用这个方法时就会直接调用汇编指令。也就是说，任何方法在第一次被调用时，都会有一定的性能延迟。大多数情况下，这种延迟很短暂，可以被忽略。以后的每一次调用都是直接执行代码，没有多余的开销。

这个过程可以归纳为如图 3-1 所示。

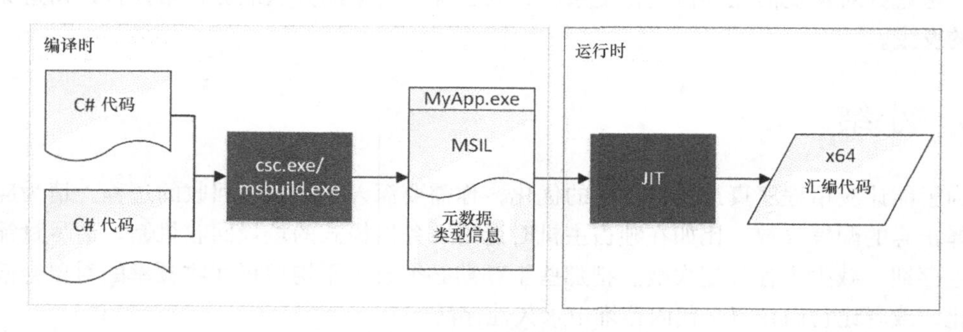

图 3-1　即时编译流程

虽然在 JIT 编译完成后，方法中的所有代码都会被转换为汇编指令，但有一部分代码可能会被存放在内存的“冷门”区域中，这是一块与正常执行流程的代码分开存放的内存区。这样鲜有执行的代码就不会挤占“热点”内存区的空间，经常执行的代码会常驻内存以获得更好的总体性能，而那些“冷门”的内存页则有可能会被交换到磁盘上去。也正因如此，像错误和异常处理这种很少被用到的代码，执行起来的开销可能就会很高。

大部分时候，每个方法只需要经过一次 JIT 编译。但如果方法带有泛型（Generic Type）参数则不一定，这时有可能会对每一种不同类型的参数都调用一次 JIT。

如果你的应用程序或者用户很在意第一次 JIT 编译造成的延时，那么你就需要特别关注一下。大部分应用程序只是关心稳定运行期间的性能，但如果你需要很高的可用性，那么 JIT 可能会成为一个需要优化的问题。本章就将介绍优化的方法。

3.1 JIT 编译的好处

通过把非托管代码进行编译，JIT 编译的好处非常明显。

1. 引用的就近访问可能性很高——一起调用的代码常常会存放在同一个内存页中，避免了缺页中断的开销。
2. 内存占用降低——只会对真正用到的方法进行编译。
3. 交叉汇编内联化（Cross-assembly Inlining）——可以把其他 DLL 中的方法（包括 .NET Framework 中的）内嵌到你的应用程序中，以显著提升性能。

还有一个好处就是可以针对硬件特性进行优化，但在实践中针对特定平台的优化十分有限。不过，同一份代码可以面向多个平台，这一点正在日益成为可能。将来我们可能会看到更多、更好的针对平台的优化出现。

.NET 中的大部分代码优化都不是在语言的编译器中实现的（从 C#/VB.NET 到 IL），而是发生在 JIT 编译器的即时编译过程中。

3.2 JIT 编译的开销

IL 编译成汇编代码的过程很容易观察到。以下的 JitCall 程序就是一个简单的例子，演示了 JIT 在幕后的处理过程。

```
static void Main(string[] args)
{
  int val = A();
  int val2 = A();
  Console.WriteLine(val + val2);
}

[MethodImpl(MethodImplOptions.NoInlining)]
static int A()
{
  return 42;
}
```

为了查看编译过程，首先要找到 Main 的汇编代码。定位过程需要一点小技巧。

1. 启动 Windbg。
2. 打开“File | Open Executable”（按 Ctrl+E）。
3. 找到 JitCall 的可执行文件。确保选中了 Release 版本，否则汇编代码会与下面列出的不同。

4. Windbg会立即中断。
5. 执行命令“sxe ld clrjit”，使得Windbg在载入clrjit.dll后中断，这一点很实用。因为clrjit.dll载入完成后，你就可以在Main方法执行之前设置断点了。
6. 执行命令“g”。
7. 程序会运行至clrjit.dll载入完毕，你将会看到类似以下的输出内容。

```
(1a74.2790): Unknown exception - code 04242420 (first chance)
ModLoad: 6fe50000 6fecd000
  C:\Windows\Microsoft.NET\Framework\v4.0.30319\clrjit.dll
```

8. 执行命令“.loadby sos clr”。
9. 执行命令“bpmd JitCall Program.Main”，这会在Main方法执行之前设置断点。
10. 执行命令“g”。
11. Windbg会在一进入Main方法时中断。你应该能看到类似以下的输出内容。

```
(11b4.10f4): CLR notification exception - code e0444143 (first chance)
JITTED JitCall!JitCall.Program.Main(System.String[])
Setting breakpoint: bp 007A0050 [JitCall.Program.Main(System.String[])]
Breakpoint 0 hit
```

12. 现在打开“Disassembly”窗口（按Alt+7）。你还能找到“Registers”窗口（按Alt+4）。Main的反汇编代码应该类似以下的代码：

```
push  ebp
mov   ebp,esp
push  edi
push  esi

; 调用A
call  dword ptr ds:[0E537B0h] ds:002b:00e537b0=00e5c015
mov   edi,eax
call  dword ptr ds:[0E537B0h]
mov   esi,eax

call  mscorlib_ni+0x340258 (712c0258)
mov   ecx,eax
add   edi,esi
mov   edx,edi
mov   eax,dword ptr [ecx]
mov   eax,dword ptr [eax+38h]

; 调用控制台WriteLine
call  dword ptr [eax+14h]
```

```
pop   esi
pop   edi
pop   ebp
ret
```

同一个函数指针被调用了两次，也就是调用 A 函数。在这两行上设置断点，开始单步跟踪，每次只执行 1 条指令，以保证能进入调用内部。指向 0E537B0h 的指针将会在第一次调用完成后进行更新。

跟踪进入第 1 次调用函数 A，你可以发现多了一小步，jmp 到 CLR 的 ThePreStub 方法。这个方法没有返回指令，因为 ThePreStub 会执行返回指令。

```
mov   al,3
jmp   00e5c01d
mov   al,6
jmp   00e5c01d
(00e5c01d) movzx   eax,al
shl   eax,2
add   eax,0E5379Ch
jmp   clr!ThePreStub (72102af6)
```

第 2 次调用函数 A 时，你会发现原来的函数指针地址被修改过了，新地址指向的代码更像是方法实体。请注意 2Ah（十进制为 42 的常量值）被赋值并通过 eax 寄存器返回。

```
012e0090 55         push  ebp
012e0091 8bec       mov   ebp,esp
012e0093 b82a000000    mov   eax,2Ah
012e0098 5d         pop   ebp
012e0099 c3         ret
```

对于大多数应用程序而言，首次运行时的编译开销并不明显，也被称为“预热”（Warm-up）开销，但确实有些代码会消耗很多 JIT 时间，我们会在后续内容中介绍检测的方法。

请试一下把 A 函数的 NoInlining 属性去除，看看 JIT 编译过的代码会是如何的。你会看到编译器做出的一些优化。

3.3 JIT 编译器优化

JIT 编译器会进行一些标准的代码优化工作，比如方法内联和去除数组范围检查代码，但你现在需要关心的是哪些因素会阻止 JIT 编译器的优化。有些内容会单独在第 5 章中进行介绍。请注意，由于 JIT 编译器是在运行时工作的，优化能占用的时间是有限的。尽管如此，JIT 编译器还是可以完成很多重要的优化工作。

JIT 最大的优化工作就是方法内联，就是把方法体内的代码嵌入调用的位置，避免原先的方法调用。对于那些会被频繁调用的小型函数而言，代码内联比较有意义，因为小型函数的调用开销会大于代码本身的执行开销。

以下这些情况都会阻止方法内联的发生。

- 虚方法。
- 同一处调用了接口（Interface）的多种实现代码。请参阅第 5 章关于接口分发问题的内容。
- 循环。
- 异常处理函数。
- 递归。
- 方法体的 IL 编码大于 32 个字节。

截至本书成稿时，JIT 的下一版本名为 RyuJIT[①]，代码的生成速度和质量都将会得到显著提高，特别是针对 64 位代码。更多内容请参阅 http://www.writinghighperf.net/go/18。Community CTP（Technology Preview）版的 RyuJIT 已经发布，你已经可以开始试用。

3.4　减少 JIT 编译时间和程序启动时间

JIT 编译器关乎性能的另一个主要因素是生成代码所耗费的时间，归根结底最主要还是取决于需要编译的代码量。

当使用了以下特性时需要特别注意。

- LINQ。
- dynamic 关键字。
- 正则表达式。
- 代码自动生成（Code Generation）。

上述特性都有一个共同点：可能有大量代码是你看不到的，实际执行的代码明显要比源代码中看到的要多得多。对全部隐藏代码进行 JIT 编译可能需要耗费相当多的时间。特别是正则表达式和代码自动生成，有可能会生成大量重复的代码。

虽然代码自动生成通常应该是用来实现自定义功能的，但有一些功能还是可以交由.NET Framework 来完成，最常见的就是正则表达式的执行。在执行之前，正则表达式会转换为一个动态程序集中的 IL 状态机，然后进行 JIT 编译。这在一开始会多花一些时间，但重复执行时就能节省很多时间。通常这种机制应该被启用，但你有可能想把 JIT 编译推迟到需要时再进行，以便这种额外的编译过程不至于影响程序的启动时间。正则表达式还可能会执行到 JIT 中的一些复杂算法，耗费更多的时间，当然在 RyuJIT 中大部分复杂算法都已经得到改进了。

① RyuJIT 已于 2015 年随.NET Framework 4.6 正式发布。

与本书中提及的其他所有技巧一样，唯一能确保性能的途径就是进行性能评估。关于正则表达式的更多内容，请参阅第 6 章。

虽然代码自动生成可能会增加 JIT 的负担，但我们在第 5 章中将会看到，在某些场合代码自动生成可能会让你解决其他的性能问题。

LINQ 简洁的语法，把执行查询时实际运行的代码数量隐藏了起来。LINQ 还把生成委托、分配内存等行为也都隐藏了。简单的 LINQ 查询也许没有问题，但最重要的一点是你应该进行确切的性能评估。

dynamic 关键字带来的主要问题，也是因为它会转换为大量的代码。关于 dynamic 关键字背后意味着什么，请跳转到第 5 章去查看。

还有一些 JIT 之外的因素也会影响启动时间，比如 I/O 就会增加启动开销。在认定 JIT 是唯一的因素之前，你最好进行一次精确的测评。所有程序集读写文件时都会存在磁盘开销，CLR 数据结构和类型加载（Type Loading）也会存在开销。通过把多个小程序集组合成一个大程序集，也许可以减少载入时间，但类型加载的开销似乎和 JIT 编译差不多。

如果确实发生了大量的 JIT 编译活动，在 CPU 分析时你就会看到类似以下调用，如图 3-2 所示。

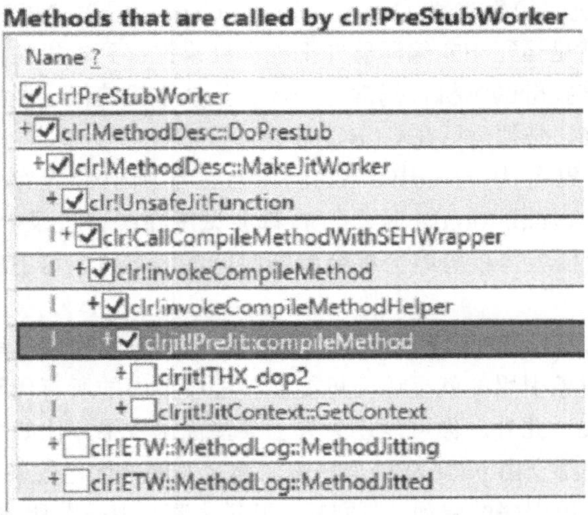

图 3-2　PerfView 的 CPU 分析将会显示所有将被调用的 JIT 代码“桩”

本章的 3.8 节中还会介绍到，PerfView 能够精确显示哪些方法将被 JIT 编译，以及每个方法的编译耗时。

3.5　利用 Profile 优化 JIT 编译

.NET 4.5 包含一个 API，可以把应用程序的启动过程记录下来并保存在磁盘文件中，以备后续的引用。在以后的启动过程中，这个 Profile 文件可被用于代码执行之前的生成过程。Profile 的记录过程运行在独立的线程中，保存下来的 Profile 可以让生成的代码获得与 JIT 编译相同的就近访问可能性（Locality）。该 Profile 在程序每次执行时都会自动更新。

只要在程序开头执行以下调用，就可以启用 Profile。

```
ProfileOptimization.SetProfileRoot(@"C:\MyAppProfile");
ProfileOptimization.StartProfile("default");
```

请注意 Profile 的根目录必须已经存在，文件可以任意命名。如果应用程序需要运行于多种模式，就可以使用多个不同名称的 Profile。

3.6　使用 NGEN 的时机

NGEN 提供了本机映像生成器（Native Image Generator）。NGEN 把 IL 汇编代码转换为本机映像，实际上就是运行 JIT 编译器并把编译结果保存到本机映像程序集缓存目录中。这个本机映像不能与非托管的本机代码混为一谈。虽然本机映像已经大部分是汇编代码了，但它仍然是托管程序集，必须运行在 CLR 之中。

假定原始的程序集名为 foo.dll，NGEN 会在本机映像缓存目录中生成一个名为 foo.ni.dll 的文件。每次加载 foo.dll 时，CLR 都会试图在缓存目录中查找匹配的.ni 文件，并与 IL 文件进行精确校验。校验时会综合判断时间戳、名称、GUID，确保载入正确的映像文件。

NGEN 一般是作为最后的手段来使用。尽管 NGEN 确有用武之地，但也有些缺点。第一个缺点就是丧失了对象引用的就近访问可能性。程序集内的所有代码都是按顺序排列的，与实际的运行路径无关。此外，你可能还失去了某些优化效果，比如交叉汇编的内联化。如果能同时把所有程序集都交由 NGEN 处理一遍，那么大部分优化效果还是会回来的。

也就是说，如果应用程序的启动（“预热”）开销太高，上一节所述的 Profile 优化效果也无法满足性能需求，可能就该轮到 NGEN 上场了。在决定使用 NGEN 之前，请牢记性能优化的基本指导原则是：**评估、评估、再评估**！关于如何评估 JIT 在整个应用程序中所占的开销，请查看本章末尾的技巧介绍。

经 NGEN 处理的应用程序优点是载入速度加快了，但缺点也有很多。每当发生变化时，你都必须再次更新本机映像。工作量虽然不大，但增加了额外的部署环节。NGEN 的处理速度有可能会很缓慢，本机映像的体积也可能要比托管代码增大很多。有时候，JIT 生成的经过优化的代码会增大很多，特别是经常执行的部分。

NGEN 能够成功处理绝大部分泛型，但有些时候编译器无法提前估计出正确的泛型类型，这部分代码还是放在运行时交给 JIT 编译。

当然，只要是用到了动态加载或生成的类型，NGEN 都无法保证能提前处理相关代码。

在命令行执行以下命令，就可以让 NGEN 处理某个程序集。

```
D:\Book\ReflectionExe\bin\Release>ngen install ReflectionExe.exe

1> Compiling assembly D:\Book\ReflectionExe\bin\Release\ReflectionExe.exe
(CLR v4.0.30319) ...
2> Compiling assembly ReflectionInterface, Version=1.0.0.0,
Culture=neutral, PublicKeyToken=null (CLR v4.0.30319) ...
```

从输出结果中你可以看到，实际上处理了两个文件。NGEN 会自动在目标文件目录中查找并处理所有存在依赖关系的程序集。有了这种默认的处理方式，代码可以高效地完成交叉汇编调用（比如内联小型函数）。带上/NoDependencies 参数可以禁止这种处理方式，但运行性能可能会受到严重影响。

运行以下命令可以把程序集的本机映像从缓存中清除掉。

```
D:\Book\ReflectionExe\bin\Release>ngen uninstall ReflectionExe.exe

Uninstalling assembly D:\Book\ReflectionExe\bin\Release\ReflectionExe.exe
```

以下命令将显示本机映像缓存中的相关内容，可用于验证本机映像是否创建成功。

```
D:\Book\ReflectionExe\bin\Release>ngen display ReflectionExe

NGEN Roots:
D:\Book\ReflectionExe\bin\Release\ReflectionExe.exe
NGEN Roots that depend on "ReflectionExe":
D:\Book\ReflectionExe\bin\Release\ReflectionExe.exe
Native Images:
ReflectionExe, Version=1.0.0.0, Culture=neutral, PublicKeyToken=null
```

用 ngen display 命令还可以显示所有已缓存的本机映像。

3.6.1　NGEN 本机映像的优化

我之前说过，用了 NGEN 会丧失引用就近访问的优势。自.NET 4.5 开始，利用一个名为 Managed Profile Guided Optimization（MPGO）的工具，可以在很大程度上解决这个问题。与利用 Profile 优化 JIT 编译类似，这个工具需要手工运行，记录下应用程序的启动过程（或是你需要的任何过程）。之后 NGEN 就会利用 Profile 来生成本机映像，对常用函数的调用流程进行更好地优化。

MPGO 随 Visual Studio 2012 及以上版本提供，用法如下。

```
Mpgo.exe -scenario MyApp.exe -assemblyList *.* -OutDir c:\Optimized
```

上述命令先让 MPGO 在 Framework 上运行起来，然后由 MPGO 运行 MyApp.exe。现在 MyApp 程序处于训练模式，你应该适当进行一些操作并关闭程序。然后会在 C:\Optimized 目录下生成一个优化过的程序集。

为了用上优化过的程序集，你必须对它运行 NGEN。

```
Ngen.exe install C:\Optimized\MyApp.exe
```

这样就会在本机映像缓存目录中生成优化过的本机映像，下次运行该程序时就会使用新的映像。

为了能高效使用 MPGO 工具，你需要把它放入程序编译步骤中，这样它的输出文件就能和应用程序放在一起了。

3.6.2　本机代码生成

2014 年 4 月 2 日，微软发布了.NET Native Developer Preview。这是一项彻底改变 CLR 工作模式的技术，可以把 Framework 核心库静态链接到应用程序中。这样就完全不需要 JIT 了，可以使用 Visual C++编译优化器来生成高质量、小体积的汇编代码。实际上我们的目标即将实现了，既能享受.NET 的快速开发能力，又能生成无需在运行时 JIT 编译的本机映像。

坏消息是本机代码生成目前只能用于 Windows Store 的应用，但我觉得很有希望拓展到所有.NET 应用。

3.7　JIT 无法胜任的场合

对于大多数应用程序而言，JIT 都是足够强大的。如果有性能问题存在，那么 JIT 的质量和速度通常都不是最大的原因。但是，也有一些场合是需要让 JIT 做出改进的。

比如有一些处理器指令 JIT 是不会去使用的，即便当前的处理器能够支持也不会。数量最多的就是大部分 SSE 和 SIMD 指令，这些指令可以同时对多个数据集执行同一组指令。当前 Intel 和 AMD 的大部分 x64 处理器都支持这些指令，对于游戏、科学数学计算之类的并行计算而言，这些指令是至关重要的。截至本书成稿时，当前的 JIT 编译器（4.5.2）对这些指令和寄存器的使用极为有限。不过有一个好消息，RyuJIT 会通过 SSE2 支持更多的 SIMD 指令，为托管运行环境带来更多优势。

JIT 编译器另一个不如本机代码编译器的地方，就是托管数组与直接访问本机内存的对比。例如，直接访问本机内存通常意味着无需复制内存，而托管代码却是需要封送（Marshalling）的。虽然有办法绕过内存复制，比如用 UnmanagedMemoryStream 把本机缓冲区封装为 Stream，但这样实际上你是在做不安全的内存访问。

如果向托管缓冲区写入数据，会对访问缓冲区的代码执行边界检查。很多时候这种边界检查会被优化掉，但并非一定如此。你可以用指针遍历托管缓冲区以规避掉某些边界检查，完成一些不安全的访问。

如果应用程序要执行大量的数组或矩阵计算，你就不得不在性能和安全性之间做出平衡。坦率地说，大部分应用程序都没有必要在意边界检查的开销，其实开销并不明显。

如果你真的发现本机代码的效率要更高一些，可以尝试用 P/Invoke 把所有数据封送给本机代码编写的函数，把计算交给高度优化的 C++ DLL 完成，然后把结果返回给托管代码。你必须利用 Profile 进行跟踪分析，看看传送数据的开销是否比直接计算更划算。

成熟的 C++编译器也许还擅长完成其他优化，比如内联或寄存器优化，但 RyuJIT 及未来的 JIT 编译器将会有所改观。

3.8 评估

3.8.1 性能计数器

CLR 会发布一些类型为“.NET CLR Jit category”的计数器，具体包括以下几种。

- # of IL Bytes Jitted。
- # of Methods Jitted。
- % Time in Jit。
- IL Bytes Jitted / sec。
- Standard Jit Failures。
- Total # of IL Bytes Jitted（和“# of IL Bytes Jitted”完全一样）。

除了“Standard Jit Failures”之外，其他计数器的含义都十分明白。仅当 IL 校验出错或者发生 JIT 内部错误时，才会出现“Standard Jit Failures”计数。

还有一类名为“.NET CLR Loading”的计数器与 JIT 编译过程密切相关，反映了程序的加载情况，以下列出了其中一部分。

- % Time Loading。
- Bytes in Loader Heap。
- Total Assemblies。
- Total Classes Loaded。

3.8.2　ETW 事件

利用 ETW 事件，对每一个 JIT 编译过的方法，你都可以得到大量详细的性能数据，包括 IL 代码大小和 JIT 编译耗时。

- **MethodJittingStarted**——即将进行 JIT 编译的方法，包括以下数据字段。
  - MethodID——该方法的唯一 ID。
  - ModuleID——该方法所属模块（Module）的唯一 ID。
  - MethodILSize——该方法 IL 代码的大小。
  - MethodNameSpace——与该方法关联的完整命名空间名称。
  - MethodName——方法名称。
  - MethodSignature——方法的签名，以逗号分隔的类型名称列表。
- **MethodLoad**——方法经 JIT 编译并加载完毕。泛型和动态方法不使用该版本进行方法加载，包括以下数据字段。
  - MethodID——该方法的唯一 ID。
  - ModuleID——该方法所属模块（Module）的唯一 ID。
  - MethodSize——该方法经 JIT 编译之后的代码大小。
  - MethodStartAddress——该方法的起始地址。
  - MethodFlags：
    - 0x1——动态方法。
    - 0x2——泛型方法。
    - 0x4——经 JIT 编译的方法（否则为 NGEN 处理过的方法）。
    - 0x8——JIT 助手方法。
- **MethodLoadVerbose**——泛型和动态方法经 JIT 编译并加载完毕。
  大部分数据字段与 MethodLoad 及 MethodJittingStarted 相同。

3.8.3　找出 JIT 耗时最长的方法和模块

JIT 的耗时通常与方法中的 IL 指令数量直接相关，但由于类型加载时间也可能包含在 JIT 耗时中，问题就变得复杂了，特别是当模块被第一次用到时。有些启动模式下还可能会引发 JIT 编译器执行复杂的算法，于是编译时间就更长了。你可以用 PerfView 获取某个进程非常详细的 JIT 编译信息。如果对标准.NET 事件进行了数据收集，你将会看到一个特别的“JITStats”视图。表 3-1 和表 3-2 是运行 PerfCountersTypingSpeed 示例项目时的一些输出信息。

表 3-1 运行 PerfCountersTypingSpeed 示例项目的输出信息

名　称	Jit 耗时（ms）	方法数量	IL 大小	本机代码大小
PerfCountersTypingSpeed.exe	12.9	8	1756	3156

表 3-2 示例项目的输出信息

Jit 耗时（ms）	IL 大小	本机代码大小	方　法　名
9.7	22	45	PerfCountersTypingSpeed.Program.Main()
0.3	176	313	PerfCountersTypingSpeed.Form1..ctor()
1.4	1236	2178	PerfCountersTypingSpeed.Form1.InitializeComponent()
0.8	107	257	PerfCountersTypingSpeed.Form1.CreateCustomCategories()
0.3	143	257	PerfCountersTypingSpeed.Form1.timer_Tick(class System.Object,class System.EventArgs)
0.1	23	27	PerfCountersTypingSpeed.Form1.OnKeyPress(class System.Object,class System.Windows.Forms.KeyPressEventArgs)
0.2	19	36	PerfCountersTypingSpeed.Form1.OnClosing(class System.ComponentModel.CancelEventArgs)
0.1	30	43	PerfCountersTypingSpeed.Form1.Dispose(bool)

唯一一个 JIT 耗时与 IL 大小不相称的方法，就是 Main 方法。这很合理，因为 Main 方法中的对象加载开销比其他方法更大一些。

3.9 小结

为了能把 JIT 编译对性能的影响降至最低，请认真考虑那些有可能大量自动生成的代码，原因可能是正则表达式、自动代码生成、dynamic 关键字等。Profile 优化可以对绝大部分使用到的代码进行并行 JIT 编译，可用于减少应用程序的启动时间。

如果要从函数内联中获得性能收益，请避免用到虚方法、循环、异常处理、递归和代码较多的方法体。但请勿在追求函数内联方面进行过度优化，以免丧失程序的正常功能。

对于大型应用，或者对程序启动阶段的 JIT 开销无法容忍，可以考虑使用 NGEN。在使用 NGEN 之前，请用 MPGO 对本机映像进行优化。

第4章　异步编程

如今的计算机已经普遍配备多核处理器，即便是在手机这种小型设备中也是如此，充分利用多线程进行编程的能力是所有程序员必备的重要技能。

使用多线程的理由基本有以下三种。

1．不想让后台任务阻塞 UI 主线程。

2．任务太多，不允许 CPU 浪费时间去等待 I/O 的完成。

3．需要让所有的处理器都为我所用。

第 1 个理由与性能没什么太大关系，完全是为了减少用户的反感，虽极其重要但不是本书关注的重点。本章重点关注的是第 2 种和第 3 种场合的优化，这两者都与充分利用计算资源有关。

计算机处理器性能的提升，仅依靠提高时钟频率已经困难重重。在可见的将来，我们要获得更高的计算能力，主要的技术就是并行处理。如果要编写高性能的应用程序，特别是同时需要处理多个请求的服务器程序，那么充分利用多个处理器是至关重要的手段。

在.NET 中并行执行代码的方法有很多种。比如可以自行启动 1 个线程并带入 1 个需要运行的方法，这适用于那些运行时间相对较长的方法。但很多时候，直接操纵线程的效率都不是很高。假如你需要执行很多简短的任务，那么调度多个线程的开销很有可能会超过实际运行代码的开销。想知道原因，你就需要了解 Windows 系统中的线程调度方式。

每个处理器同时只能执行 1 个线程。在给处理器安排线程的时刻，Windows 需要进行上下文切换（Context Switching）。在上下文切换期间，Windows 会把处理器当前线程的状态保存到操作系统内部的线程对象中，再从所有就绪的线程挑出 1 个，把线程对象中记录的线程上下文信息传递给处理器，最后再开始执行线程。如果 Windows 要切换的线程属于其他进程，那么由于地址空间需要交换出去，甚至会产生更多开销。

然后线程在“线程时间片”[①]（Thread Quantum）中执行代码，Thread Quantum 是时钟间隔（Clock Interval）的倍数，在目前的多处理器系统中每个时钟间隔大概是 15 ms。当代码从栈顶返回并进入等待状态后，或者 Thread Quantum 时间到，调度程序则会再选一个就绪线程来执行。下一个执行的线程有可能还是同一个线程，也有可能不是，这要取决于处理器的竞争情况。如果线程被任何 I/O 阻塞，则可能进入等待状态，也可以调用 Thread.Sleep 主动进入等待状态。

① “Thread Quantum”也有译为“线程量”的，是一个系统参数。

注意

服务器版 Windows 的 Thread Quantum 要比桌面版的长一些，也就是让线程运行更长时间再进行上下文切换。在“系统属性 1 高级系统设置”的“性能”项中，可以在一定范围内调整 Thread Quantum。

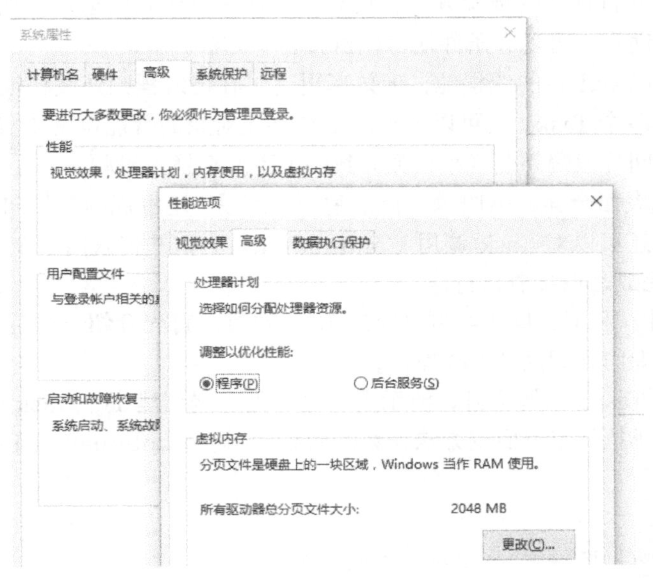

把“处理器计划”设为“后台服务”，将会增加 Thread Quantum 值，并可能会牺牲程序的响应能力。参数值将会保存在注册表中，但你不应该直接去修改注册表信息。

新建线程是一个开销很大的过程，因为需要分配核心资源，创建堆栈空间，还会造成更多的上下文切换。因此，.NET 为每个托管进程维护着一个线程池。线程池中的线程会按需创建并保持存活，以满足后续的线程需求，也就避免了再次创建线程的开销。在 http://www.writinghighperf.net/go/19 中对线程池的工作机制进行了详细的介绍。应用程序因此可以节省创建和删除线程的开销，总是会有一个线程时刻准备着处理异步任务。线程池负责处理显式的“工作线程”（Worker Thread）任务，比如运行底层操作系统 I/O 完成后的委托（在访问磁盘文件的请求完成之后接着进行处理）。

如果程序包含的 CPU 任务耗时会超过一个 Thread Quantum，那么直接创建并使用线程是可以接受的，虽然你会发现不一定有必要。但如果代码都是由很多琐碎的任务组成，都不大会占用很多 CPU 时间，那么直接使用线程是效率很低的，因为程序耗费在上下文切换上的开销会比真正执行代码的开销还要高。直接利用线程池也是不建议的，我不会在这里介绍。无论任务耗时长短，你都应该换用“任务”（Task[①]）。

① “Task”还是用原文，也可与 C#对象名称呼应。

4.1　使用 Task

.NET 4.0 引入了一个名为 Task Parallel Library（TPL）的库，对线程进行了抽象，这是在自己代码中实现并行计算的推荐方式。TPL 可以让你对代码的运行实现很多控制，你可以决定发生错误时的动作，可以有条件地串联执行多个方法。

TPL 内部使用了.NET 的线程池，但效率更高。在把线程归还线程池之前，它会在同一个线程中顺序执行多个 Task，这可以通过对多个委托对象的智能调度来实现。这样就有效避免了上面提到的时间片浪费问题（小任务导致的上下文切换太过频繁）。

TPL 是一个庞大而全面的 API 集，但上手十分容易。基本规则就是向 Task 的 Start 方法传递一个委托。你还可以对 Task 调用 ContinueWith 方法并传入第二个委托，第二个 Task 会在第一个 Task 完成之后接着执行。

CPU 密集型计算和 I/O 操作都可以交给 Task 执行。首先介绍一个纯 CPU 处理的例子，本章后续部分还会专门介绍高效 I/O 操作。

以下代码来自 Tasks 示例项目，演示了为每个处理器创建 1 个 Task 的过程。每个 Task 执行完毕后，会安排执行带有回调方法参数的后续 Task（Continuation Task）。

```
class Program
{
  static Stopwatch watch = new Stopwatch();
  static int pendingTasks;

  static void Main(string[] args)
  {
    const int MaxValue = 1000000000;

    watch.Restart();
    int numTasks = Environment.ProcessorCount;
    pendingTasks = numTasks;
    int perThreadCount = MaxValue / numTasks;
    int perThreadLeftover = MaxValue % numTasks;

    var tasks = new Task<long>[numTasks];

    for (int i = 0; i < numTasks; i++)
    {
      int start = i * perThreadCount;
      int end = (i + 1) * perThreadCount;
      if (i == numTasks - 1)
      {
```

```
        end += perThreadLeftover;
      }
      tasks[i] = Task<long>.Run(() =>
      {
        long threadSum = 0;
        for (int j = start; j <= end; j++)
        {
          threadSum += (long)Math.Sqrt(j);
        }
        return threadSum;
      });
      tasks[i].ContinueWith(OnTaskEnd);
    }
  }
  private static void OnTaskEnd(Task<long> task)
  {
    Console.WriteLine("Thread sum: {0}", task.Result);
    if (Interlocked.Decrement(ref pendingTasks) == 0)
    {
      watch.Stop();
      Console.WriteLine("Tasks: {0}", watch.Elapsed);
    }
  }
}
```

如果 Continuation Task 代码较短、执行较快，你应该指明其在前一个 Task 的当前线程中运行。在开启了大量线程的系统中，这一点尤为重要，因为把 Task 安排到其他线程中可能会导致上下文切换，会浪费很多时间。

```
task.ContinueWith(OnTaskEnd,
  TaskContinuationOptions.ExecuteSynchronously);
```

如果 Continuation Task 是在 I/O 线程中继续运行，那么你也许不该使用 TaskContinuationOptions.ExecuteSynchronously 选项，因为这会把 I/O 线程占住，而你可能还需要用 I/O 线程来从网络下载数据。一如既往，你需要实际测试并仔细地评估结果。对于 I/O 线程而言，保持快速、持续地工作通常效率更高，应该避免过多的调度。

如果 Task 需要长时间运行，你可以用带 TaskCreationOptions.LongRunning 参数的 Task.Factory.StartNew 方法进行创建。对于 Continuation Task 的加入也有带 LongRunning 参数的版本。

```
var task = Task.Factory.StartNew(action,
              TaskCreationOptions.LongRunning);
task.ContinueWith(OnTaskEnd, TaskContinuationOptions.LongRunning);
```

Continuation Task 是 TPL 真正强大的地方。你可以把一切繁重的任务都如此运行，不仅仅是为了提高性能。下面我会简要介绍一些情形。

你可以对一个 Task 执行多个 Continuation Task。

```
Task task = ...
task.ContinueWith(OnTaskEnd);
task.ContinueWith(OnTaskEnd2);
```

OnTaskEnd 和 OnTaskEnd2 彼此没有关联，各自并行执行。

另一种情况，你也可以串联执行。

```
Task task = ...
task.ContinueWith(OnTaskEnd).ContinueWith(OnTaskEnd2);
```

串联的任务相互之间存在串行依赖关系。task 完成之后，OnTaskEnd 才会运行。OnTaskEnd 完成之后才会运行 OnTaskEnd2。

只有前一个 Task 成功结束（或失败、取消）之后，才会通知 Continuation Task 开始运行。

```
Task task = ...
task.ContinueWith(OnTaskEnd,
TaskContinuationOptions.OnlyOnRanToCompletion);
task.ContinueWith(OnTaskEnd, TaskContinuationOptions.NotOnFaulted);
```

你还可以指定在多个 Task 均完成之后（或任一完成后），再启动 Continuation Task。

```
Task[] tasks = ...
Task.Factory.ContinueWhenAll(tasks, OnAllTaskEnded);
Task.Factory.ContinueWhenAny(tasks, OnAnyTaskEnded);
```

取消正在运行的 Task 需要一定的步骤。强行终止线程绝对不是个好主意，而且 TPL 也不允许你访问底层的线程对象，更不用说终止了。如果你的代码直接使用了 Thread 对象，那你是可以调用 Abort 方法，但这很危险，不建议使用。就当这个 API 不存在吧。

如果要取消 Task，你需要给 Task 的委托传递一个 CancellationToken 对象，CancellationToken 对象会轮询并确定是否执行终止操作。以下例子同时还演示了把 Lambda 表达式用作 Task 委托的用法。

```
static void Main(string[] args)
{
  var tokenSource = new CancellationTokenSource();
  CancellationToken token = tokenSource.Token;
```

```
 Task task = Task.Run(() =>
 {
   while (true)
   {
     // do some work...
     if (token.IsCancellationRequested)
     {
       Console.WriteLine("Cancellation requested");
       return;
     }
     Thread.Sleep(100);
   }
 }, token);

 Console.WriteLine("Press any key to exit");

 Console.ReadKey();

 tokenSource.Cancel();

 task.Wait();

 Console.WriteLine("Task completed");
}
```

上述代码可以在 TaskCancellation 示例项目中找到。

4.2 并行循环

上一节中有一个例子演示了一种并行循环的模式，这种模式十分常见，所以系统提供了专门的 API 来完成。

```
long sum = 0;
Parallel.For(0, MaxValue, (i) =>
  {
    Interlocked.Add(ref sum, (long)Math.Sqrt(i));
  });
```

针对泛型 IEnumerable<T>也有相应的并行 foreach 版本。

```
var urls = new List<string>
{
  @"http://www.microsoft.com",
  @"http://www.bing.com",
```

```
  @"http://msdn.microsoft.com"
};
var results = new ConcurrentDictionary<string,string>();
var client = new System.Net.WebClient();

Parallel.ForEach(urls, url => results[url] =
    client.DownloadString(url));
```

如果你需要中断循环执行，可以给循环委托传入一个 ParallelLoopState 对象。中止循环的方式有两种。

- Break——告诉循环不要执行大于当前迭代次数的任何迭代。在 Parallel.For 循环中，如果在第 *i* 次迭代时调用 ParallelLoopState.Break，那么所有小于 *i* 的迭代仍然会运行，但大于 *i* 的迭代将会停止运行。对于 Parallel.ForEach 循环也是如此，只是每个迭代项都会被赋予一个索引值，从程序代码的角度来看也许是随机安排的。请注意可能会有多个循环迭代发起 Break 调用，这就要看循环中的代码逻辑了。
- Stop——告诉循环不要执行任何迭代。

以下例子演示了用 Break 随机停止循环的过程。

```
Parallel.ForEach(urls, (url, loopState) =>
{
  if (url.Contains("bing"))
  {
    loopState.Break();
  }
  results[url] = client.DownloadString(url);
});
```

在使用并行循环时，你应该确保每次迭代的工作量要明显大于同步共享状态的开销。如果你的循环把时间都耗在了阻塞式访问共享的循环变量上，那么并行执行的好处就很容易完全丧失。尽可能让每次循环迭代都只进行局部访问，就可以避免这种损耗。

并行循环的另一个问题是每次迭代都会生成一个委托，如果每次迭代完成的工作还不如生成委托或方法的开销大，也许就有点浪费了（请参阅第 5 章）。

上述两个问题都可以通过 Partitioner 类[①]得以解决，Partitioner 会把需要迭代的区间分拆并存入 Tuple 对象中。

以下代码演示了同步操作对并行循环效率产生了多大的负面影响。

```
static void Main(string[] args)
{
  Stopwatch watch = new Stopwatch();
```

---

① 关于 Partitioner 可以阅读微软官方文档 https://msdn.microsoft.com/zh-cn/library/dd997411 (v=vs.110).aspx。

```
  const int MaxValue = 1000000000;
long sum = 0;

  // 普通 For 循环
  watch.Restart();
  sum = 0;
  Parallel.For(0, MaxValue, (i) =>
  {
    Interlocked.Add(ref sum, (long)Math.Sqrt(i));
  });
  watch.Stop();
  Console.WriteLine("Parallel.For: {0}", watch.Elapsed);

  // 分区的 For 循环
  var partitioner = Partitioner.Create(0, MaxValue);
  watch.Restart();
  sum = 0;
  Parallel.ForEach(partitioner,
    (range) =>
    {
      long partialSum = 0;
      for (int i = range.Item1; i < range.Item2; i++)
      {
        partialSum += (long)Math.Sqrt(i);
      }
      Interlocked.Add(ref sum, partialSum);
    });
  watch.Stop();
  Console.WriteLine("Partitioned Parallel.For: {0}", watch.Elapsed);
}
```

上述代码可以在 ParallelLoops 示例项目中找到。在我的机器上运行时，输出结果如下所示。

```
Parallel.For: 00:01:47.5650016
Partitioned Parallel.For: 00:00:00.8942916
```

上述分区规则是静态的，只要迭代区间划分完毕，每个分区上都会运行一个委托。即使其中一段区间的迭代提前完成，也不会尝试重新分区并让处理器分担工作。对任何 IEnumerable<T>类型都可以创建不指定区间的静态分区，但那样就会为每个迭代项都创建一个委托，而不是对每个区间创建委托。通过创建自定义 Partitioner 可以解决这个问题，只是代码会有点复杂。详情及更多示例请参阅 Stephen Toub 在 http://www.writinghighperf.net/go/20 的文章。

4.3　避免阻塞

你也许注意到了，我在一些示例中调用了 task.Wait()。我这只是一种简化处理，我不想在这些小例子中让进程停止运行。但在实际的产品代码中你绝对不应该这么去实现，而应该换用 Continuation Task。阻塞式调用其实存在更大的问题，task.Wait()只是冰山一角。

如果要获得最佳的性能，你必须保证程序在等待其他资源期间不会浪费任何现有的资源。最常用的做法就是，等待 I/O 完成期间阻塞当前线程。这时会发生以下两种情况之一。

1. 线程会被阻塞为等待状态，不会参与线程调度，并会运行另一个线程。如果当前所有线程都被占用或阻塞，可能就会创建新的线程来完成后续处理或任务。
2. 线程遇到某个同步对象，也许会为了等待解锁而自旋（Spin）若干毫秒。如果无法及时获得信号量，就会进入第 1 步的状态。

这两种情况下，都没有必要扩大线程池中的线程数，也有可能会让 CPU 为了等待解锁而白白自旋。因此都不可取。

lock 和其他种类的直接线程同步方式都是很明显的阻塞式调用，很容易就能被发现。但是有一些其他可能导致阻塞的方法，就不那么明显了。这些引起阻塞的方法往往是与各种 I/O 操作有关，因此你需要确保所有与网络、文件系统、数据库等任何高延时服务的交互操作，都是异步处理的。谢天谢地，在.NET 中利用 Task 实现起来相当容易。

在使用网络、文件系统、数据库等所有 I/O API 时，请确认返回值都应是一个 Task，否则就很有可能是阻塞式 I/O。请注意旧版的异步 API 会返回 IASyncResult，名称通常是以"Begin-"开头。请要么换用返回 Task 版本的 API，要么就用 Task.Factory.FromAsync 把该方法封装到 Task 中，以保持你自己的代码接口是一致选用 Task 的。

4.4　在非阻塞式 I/O 中使用 Task

.NET 4.5 在 Stream 类中加入了 Async 方法，因此目前所有基于流的通信方法都可以轻松实现异步执行。以下是个简单的示例。

```
int chunkSize = 4096;
var buffer = new byte[chunkSize];

var fileStream = new FileStream(filename, FileMode.Open, FileAccess.Read,
  FileShare.Read, chunkSize, useAsync: true);

var task = fileStream.ReadAsync(buffer, 0, buffer.Length);
task.ContinueWith((readTask) =>
  {
```

```
    int amountRead = readTask.Result;
    fileStream.Dispose();
    Console.WriteLine("Async(Simple) read {0} bytes", amountRead);
  });
```

你可以不必再用 using 语句来清理 Stream 之类的 IDisposable 对象了。现在你必须把这些对象放入 ContinueWith 方法中，以保证它们能在任何情况下都能被释放（Dispose）掉。

上述例子其实还不太完整。在真实场景中，你往往得从流中读取多次才能获得全部数据。如果文件大于你给定的缓冲区，或者要处理来自网络流的数据（这时数据都还没全部到达你的机器呢），就会发生这种多次读取的情况。为了异步完成读取操作，你需要连续从流中读取数据直至获悉无数据可读为止。

现在就多了一个小问题，你需要两级 Task。外层的 Task 用于全部读取工作，供调用程序使用。内层的 Task 用于每次的读取操作。

请思考一下为什么要分两级 Task。第 1 次异步读取会返回 1 个 Task。如果直接返回到调用 Wait 或 ContinueWith 的地方，就会在第 1 次读取结束后继续往下运行。实际上你是希望调用者在完成全部读取操作后再继续执行。也就是说你不能把第 1 个 Task 返回给调用者。你需要用一个“伪 Task”在完成全部读取操作之后再返回。

你需要用到 TaskCompletionSource<T>类来完成上述操作，TaskCompletionSource<T>类可以帮你生成一个用于返回的伪 Task。当异步读取操作全部完成后，请调用 TaskCompletionSource 的 TrySetResult 方法，这会让 Wait 或 ContinueWith 的调用者继续往下运行。

以下代码对上一个示例进行了扩充，演示了 TaskCompletionSource 的使用方法。

```
private static Task<int> AsynchronousRead(string filename)
{
  int chunkSize = 4096;
  var buffer = new byte[chunkSize];
  var tcs = new TaskCompletionSource<int>();

  var fileContents = new MemoryStream();
  var fileStream = new FileStream(filename, FileMode.Open, FileAccess.Read,
    FileShare.Read, chunkSize, useAsync: true);
  fileContents.Capacity += chunkSize;

  var task = fileStream.ReadAsync(buffer, 0, buffer.Length);
  task.ContinueWith(
      readTask =>
      ContinueRead(readTask, fileStream, fileContents, buffer, tcs));

  return tcs.Task;
```

```
}

private static void ContinueRead(Task<int> task,
                    FileStream stream,
                    MemoryStream fileContents,
                    byte[] buffer,
                    TaskCompletionSource<int> tcs)
{
  if (task.IsCompleted)
  {
    int bytesRead = task.Result;
    fileContents.Write(buffer, 0, bytesRead);
    if (bytesRead > 0)
    {
      // More bytes to read, so make another async call
      var newTask = stream.ReadAsync(buffer, 0, buffer.Length);
      newTask.ContinueWith(
        readTask => ContinueRead(readTask, stream,
                    fileContents, buffer, tcs));
    }
    else
    {
      // All done, dispose of resources and
      // complete top-level task.
      tcs.TrySetResult((int)fileContents.Length);
      stream.Dispose();
      fileContents.Dispose();
    }
  }
}
```

4.4.1　适应 Task 的异步编程模式

.NET Framework 中的旧版异步方法都带有“Begin-”和“End-”前缀。这些方法仍然有效，为了保持接口的一致性，它们很容易就能被封装到 Task 中。以下代码来自于 TaskFromAsync 示例项目，演示了这种封装过程。

```
const int TotalLength = 1024;
const int ReadSize = TotalLength / 4;

static Task<string> GetStringFromFileBetter(string path)
{
  var buffer = new byte[TotalLength];
```

```
  var stream = new FileStream(
    path,
    FileMode.Open,
    FileAccess.Read,
    FileShare.None,
    buffer.Length,
    FileOptions.DeleteOnClose | FileOptions.Asynchronous);

  var task = Task<int>.Factory.FromAsync(
    stream.BeginRead,
    stream.EndRead,
    buffer,
    0,
    ReadSize, null);

  var tcs = new TaskCompletionSource<string>();

  task.ContinueWith(readTask => OnReadBuffer(readTask,
                      stream, buffer, 0, tcs));

  return tcs.Task;
}

static void OnReadBuffer(Task<int> readTask,
              Stream stream,
              byte[] buffer,
              int offset,
              TaskCompletionSource<string> tcs)
{
  int bytesRead = readTask.Result;
  if (bytesRead > 0)
  {
    var task = Task<int>.Factory.FromAsync(
      stream.BeginRead,
      stream.EndRead,
      buffer,
      offset + bytesRead,
      Math.Min(buffer.Length - (offset + bytesRead), ReadSize),
      null);

    task.ContinueWith(
      callbackTask => OnReadBuffer(
        callbackTask,
```

```
            stream,
            buffer,
            offset + bytesRead,
            tcs));
    }

    else
    {
      tcs.TrySetResult(Encoding.UTF8.GetString(buffer, 0, offset));
    }
}
```

FromAsyn 方法把流的 BeginRead 和 EndRead 方法作为参数，再加上用于存储数据的缓冲区。BeginRead 和 EndRead 方法将会执行，并在 EndRead 完成后调用 Continuation Task，把控制权交回给你的代码，在上述例子中将会关闭流并返回转换完成的文件数据。

4.4.2　使用高效 I/O

对所有 I/O 调用都使用异步编程，并不意味着你充分发挥了 I/O 性能。每种 I/O 设备的性能、速度、特性各不相同，你常常需要为各种设备定制代码。

在以上示例中，我用 16KB 缓冲区来读写磁盘文件。这个值是否合适呢？如果考虑到普通磁盘的缓存、固态硬盘的速度，也许这个值并不合适。多大的 I/O 分块才是最高效的，这需要一定的经验积累。缓冲区越小，你需要的开销就越大。而缓冲区越大，你等待初次结果返回的时间就会越长。用于磁盘的规则就不适用于网络设备，反之亦然。

最重要的一点就是，你还需要精心组织好代码架构，以便充分利用 I/O 的时间。如果某部分代码因为等待 I/O 结果而被阻塞，那 CPU 就无法去处理有用的数据，至少也是浪费了线程池中的线程。在等待 I/O 结果期间，尽可能多执行一些别的工作。

还有一点需要注意，真正的异步 I/O 和线程之间的同步 I/O，两者存在很大差别。前者你实际控制着操作系统和硬件，系统代码没有处于阻塞状态。如果是进行线程之间的同步 I/O，你只会阻塞 1 个线程，在等待操作系统把控制权交回给你之前，它本来可以干些别的活儿。在性能要求不高的场合（比如在带有 UI 的程序中不用主线程而是进行后台 I/O），这是可以接受的，但绝不提倡使用。

也就是说，以下例子是个反面教材，采用异步 I/O 的目的没有实现。

```
Task.Run( ()=>
{
  using (var inputStream = File.OpenRead(filename))
  {
    byte[] buffer = new byte[16384];
```

```
    var input = inputStream.Read(buffer, 0, buffer.Length);
    ...
  }
});
```

关于利用.NET Framework API 实现高效 I/O 的其他建议，特别是磁盘和网络访问方面，请参阅第 6 章。

4.5 async 和 await

.NET 4.5 新增了两个关键字：async 和 await，可以在很多场合简化代码的编写。两者结合起来使用，可以让 TPL 代码看起来像是简单、线性、同步执行的代码。当然，背后实际上是用到了 Task 和 Continuation Task。

以下例子来自 AsyncAwait 示例项目。

```
static Regex regex = new Regex("<title>(.*)</title>",
RegexOptions.Compiled);

private static async Task<string> GetWebPageTitle(string url)
{
  System.Net.Http.HttpClient client = new System.Net.Http.HttpClient();
  Task<string> task = client.GetStringAsync(url);

  // 这里需要结果，所以用了 await
  string contents = await task;

  Match match = regex.Match(contents);
  if (match.Success)
  {
    return match.Groups[1].Captures[0].Value;
  }
  return string.Empty;
}
```

为了演示这种语法的真实威力，来看一个复杂一点的例子，在读取一个文件的同时进行压缩并写入另一个文件。直接用 Task 来实现也不是很难，但使用了 async/await 语法看起来会非常轻松。以下代码来自 CompressFiles 示例项目。

首先介绍同步版本以供对照。

```
private static void SyncCompress(IEnumerable<string> fileList)
{
  byte[] buffer = new byte[16384];
```

```
    foreach (var file in fileList)
    {
      using (var inputStream = File.OpenRead(file))
      using (var outputStream = File.OpenWrite(file+".compressed"))
      using (var compressStream = new GZipStream(outputStream,
                              CompressionMode.Compress))
      {
        int read = 0;
        while ((read = inputStream.Read(buffer, 0, buffer.Length)) > 0)
        {
          compressStream.Write(buffer, 0, read);
        }
      }
    }
  }
```

要把上述步骤变成异步模式，我们仅需要加入 async 和 await 关键字，并把 Read 和 Write 方法分别变为 ReadAsync 和 WriteAsync 方法。

```
private static async Task AsyncCompress(IEnumerable<string> fileList)
{
  byte[] buffer = new byte[16384];
  foreach (var file in fileList)
  {
    using (var inputStream = File.OpenRead(file))
    using (var outputStream = File.OpenWrite(file + ".compressed"))
    using (var compressStream =
            new GZipStream(outputStream, CompressionMode.Compress))
    {
      int read = 0;
      while ((read = await inputStream.ReadAsync(buffer, 0,
                              buffer.Length)) > 0)
      {
        await compressStream.WriteAsync(buffer, 0, read);
      }
    }
  }
}
```

只要是在标为 async 的方法内部，await 可以等待任何返回 Task<T>的方法。遇到这两个关键字，编译器会把你的代码做出重大改变，程序结构会变得和之前的 TPL 示例类似。上述代码好像是会在等待 HTTP 结果时阻塞，但别以为 “await” 就是 “wait”，两者很像，但实际差别很大。所有位于 await 关键字之前的操作都运行于调用者线程中，而从 await 开始的操作都是在 Continuation Task 中运行。

使用 async/await 可以大大简化你的代码，但有些需要用到 Task 的场合却无法使用这两个关键字。比如当 Task 的结束时机不确定，或者必须用到多级 Task 和 TaskCompletionSource，async/await 就可能不适用了。

> **故事**
>
> 在基于.NET 的 HttpClient（完全启用 Task）实现重试机制时，我曾经陷入了 Task 结束时机不确定的问题。我从一个简单的 HTTP client 封装类着手，因为 async/await 能简化编码，所以我一开始就用了它们。但是到了真正实现重试机制时，我马上明白自己被困住了，因为 Task 完成后我失去了控制权。在我的实现中，我想在第一次请求超时之前发送重试请求。只要有请求先结束，我就想把它返回给调用者。不幸的是，async/await 应付不了这种结果不定的状况，无法从多个等待的子 Task 中选择一个返回。解决办法之一就是使用之前提到过的 ContinueOnAny 方法，或者还可以用 TaskCompletionSource 手工控制顶层 Task 何时结束。

4.6 编程结构上的注意事项

上一节有一点十分重要，所有的 await 都必须位于标记为 async 的方法之中，也就是说这些方法必须返回 Task 对象。如果直接使用 Task 的话，那么这种限制从技术上讲是不存在的，但思路还是一致的。异步编程模式就像是一种良性“病毒”，会渗透到代码的所有层面。只要用到了异步模式，它就会一直往上层函数蔓延。

当然，你通过直接使用 Task 可以创造出以下差劲的代码。

```
Task<string> task = Task<string>.Run(()=> { ... });
task.Wait();
```

除非你用多线程执行的工作很少，不然上述代码就完全破坏了程序的可扩展性。的确，你可以在 Task 的创建方法和 Wait 方法之间塞入很多工作，但重点不在这里。本书中有些例子为了简化起见才用了 Wait，而你绝对不应该等待 Task 的结束。线程本来可以执行一些有用的工作，白白等待就是一种浪费。等待可能会引发更多的上下文切换，还可能增大线程池的开销，因为需要更多的线程来完成眼前的工作。

如果按照“从不等待”的逻辑来推断，你就会意识到几乎所有代码（甚至全部）可能都将以某种形式的 Continuation Task 运行。仔细想想你就会有直观的感受。在用户单击鼠标或敲击键盘之前，UI 程序基本不做任何工作，它是通过事件机制来对用户输入做出响应的。服务器程序也是类似，只是 I/O 不是通过鼠标键盘，而是网络或文件系统。

结果就是，如果程序逻辑是按照 I/O（或 UI 响应）的节奏来拆分的，那么高性能程序的结构很容易让人觉得有点支离破碎。你越早对程序结构进行规划，收获就会越大。把大部分甚至全部代码都按照一定的标准模式进行固化，这一点非常重要。比如：

- 确定 Task 和 Continuation Task 所用的方法。是用单独的方法还是用 Lambda 表达式？与方法的代码量有关系么？
- 如果 Continuation Task 用了方法，请以标准的前缀命名（比如 OnMyTaskEnd）。
- 把错误处理过程标准化。是否有一个单独的 Continuation 方法来处理所有出误、取消、正常结束的情况？或者每种情况都用了单独的方法，或部分情况合用了方法，并用 TaskContinuationOptions 来选择执行？
- 决定使用 async/await 还是直接使用 Task。
- 如果必须调用旧版的 Begin.../End...异步方法，请把它们封装在 Task 中以便实现你自己的标准化处理，如前所述。
- 请不要以为非得用到 TPL 的所有特性。有些特性对于大部分场景都不推荐（比如 AttachedToParent 类型的 Task）。用最少的 TPL 特性完成任务，并把代码结构标准化即可。

4.7　正确使用 Timer 对象

利用 System.Threading.Timer 对象，可以对方法的执行时间进行调度，可以是经过指定时间段后执行，还可以在之后每隔一段时间执行一次。不应使用 Thread.Sleep 之类的机制来让线程阻塞一段时间，虽然下面我们会看到在某些场合阻塞可能有点用处。

以下例子演示了 Timer 的用法，指定一个回调方法并传入两个超时参数。第 1 个超时参数是距离第 1 次触发的时间，第 2 个超时参数是之后重复触发的时间间隔。这两个值都可以被设为 Timeout.Infinite（值为-1）。在下面的例子中，定时器只在 15 ms 之后触发 1 次。

```
private System.Threading.Timer timer;

public void Start()
{
  this.timer = new Timer(TimerCallback, null, 15, Timeout.Infinite);
}

private void TimerCallback(object state)
{
  // 干活
}
```

请勿大量创建定时器。全部 Timer 都由线程池中的 1 个线程提供支持。如果 Timer 的数量太多，则执行回调方法会被延迟。在空闲时，Timer 线程会执行线程池中的任务，Timer 会由下一个可用线程来继续支持。如果任务数量很多，或者 CPU 的负载很高，Timer 就不会很精确。事实上，Timer 的精度不会高于操作系统的时钟节拍计数器（Tick）。1 个 Tick 的默认值是 15.625ms，且同样决定了 Thread Quantum 的时长。把超时值设为小于 Tick 间隔是无法获得正确效果的。如果需要小于 15ms 的精度，可以选择其他方式。

1. 缩小操作系统时钟的 Tick 间隔。这会导致 CPU 占用率的上升，并严重影响电池电力，但有可能适用于某些场合。请注意修改 Tick 值可能会造成很深远的影响，比如上下文切换次数增加、系统负载上升以及其他性能下降。
2. 在循环中自旋，并使用高分辨率定时器（参阅第 6 章）监测时间。这也会消耗更多的 CPU 和电力，但影响范围较小。
3. 调用 Thread.Sleep。这会阻塞线程，从我自己的测试结果来看比较精确，但不保证一定生效。在负载很重的系统中，切换出去的线程有可能在预设的定时间隔内切不回来。

在使用 Timer 的时候，请小心经典的竞态问题，如下所示。

```
private System.Threading.Timer timer;

public void Start()
{
  this.timer = new Timer(TimerCallback, null, 15, Timeout.Infinite);
}

private void TimerCallback(object state)
{
  // 完成其他工作
  this.timer.Dispose();
}
```

上述代码设置 Timer 在 15 ms 后执行回调方法。回调方法一经执行，就会销毁 Timer 对象。上述代码还可能在执行 TimerCallback 时抛出 NullReferenceException。因为 Timer 是在 Start 方法中赋给 this.timer 字段的，而回调函数很有可能在这之前就会运行了。幸好这个问题很容易修正。

```
this.timer = new Timer(TimerCallback, null, Timeout.Infinite,
                       Timeout.Infinite);
this.timer.Change(15, Timeout.Infinite);
```

4.8 合理设置线程池的初始大小

用代码无法直接控制线程池，并不意味着你无需理解它的工作机制。特别重要的是，你可能需要为线程池设置一些信息，指明线程分配方式及如何维持就绪状态。

随着时间的推移，线程池会进行自我优化。但在启动时，因为没有历史记录可供参考，所以会采用默认设置。如果你的程序有大量的异步操作，且会占用很多 CPU，那在启动阶段的开销有可能会急剧上升，因为有更多的线程需要创建和进入就绪状态。为了能更加迅速地达到稳定运行的状态，你可以调整启动参数，使得线程池在启动时保持必要的最少线程数。

```
const int MinWorkerThreads = 25;
const int MinIoThreads = 25;
ThreadPool.SetMinThreads(MinWorkerThreads, MinIoThreads);
```

在设置启动参数时，请务必小心谨慎。如果你用到了多个 Task，调度过程是根据可用线程数来进行的。如果可用线程数太多，那么可能会发生过度调度的现象。随着上下文切换次数的增加，CPU 有效利用率就会下降。如果以后负载减轻，线程池最终还是会采用自己的算法，让线程数减少的。

你还可以用 SetMaxThreads 方法设置线程数的上限，风险同上。

如果你想找到实际需要的线程数，可以先不改动参数，并在程序稳定运行期间调用 ThreadPool.GetMaxThreads 和 ThreadPool.GetMinThreads 进行统计分析，或者利用性能计数器监测进程使用的线程数量。

4.9　不要中止线程

未与线程合作就直接中止线程，是非常危险的举动。线程有自己的清理流程，调用 Abort 就做不到得体地退出。杀死线程会让一部分程序进入未知状态，可能还不如直接让程序崩溃为好，当然最好是完全重启程序。

如果你用了 Task（理应如此），那么就不会有中止线程的问题了。因为压根儿就没有强行结束 Task 的 API 可用。

4.10　不要改变线程的优先级

一般情况下，改变线程的优先级（Priority）可不是什么好主意。Windows 会根据优先级来调度线程。如果高优先级线程一直处于就绪状态，那么低优先级的线程就无法获得资源（Starved），很少有机会运行。你提高某个线程的优先级，就表示它的工作必须优先于其他所有任务，包括其他进程。这种思路不利于系统的稳定运行。

如果某个线程可以等到所有正常级别的任务都完成后再干活，那么降低它的优先级还更有道理一些。降低某个线程优先级有一个很好的理由，就是其被监测到失去控制，陷入了死循环。既然无法安全地中止线程，那么你收回线程和处理器资源的唯一途径就是重启进程。在关闭进程并完全重启之前，降低失控线程的优先级是合理的减压途径。请注意，即便线程的优先级较低，但过段时间还是会运行一下的。因为线程如果长时间未获运行，Windows

会提高它的动态优先级。当然，Idle 级别（THREAD_PRIORITY_IDLE）的线程除外，只有在确实没有其他任务时，操作系统才会运行 Idle 级别的线程。

你也许还会找到一个提高线程优先级的合理理由，比如在资源紧张的场合需要更快速的响应能力，但请谨慎使用。Windows 调度线程时并不理会它属于哪个进程，因此如果运行高优先级的线程，牺牲掉的不仅仅是你的其他线程，还包括了所有其他应用程序的线程。

如果你用到了线程池，那么线程在每次归还入池时，优先级都会被重置。如果用了 Task 并且人为操控线程，请注意一个线程在归还线程池之前可以运行多个 Task。

4.11　线程同步和锁

只要谈到多线程，就会涉及多个线程之间的同步问题。同步是确保同时只能有一个线程访问共享信息（比如某个类的成员）的技术。线程同步通常利用同步对象来完成，比如 Monitor、Semaphore、ManualResetEvent 等。这些同步对象也被非正式地称为“锁”，线程中处理同步的过程被称为“加锁”。

同步锁有一个基本真理：加锁绝不会提高性能。最多也就是不增不减，还得靠高质量的同步原语（Synchronization Primitive）并且不发生资源争用。同步锁会显式地阻止其他线程干活，造成 CPU 闲置，增加上下文切换时间，还有其他很多副作用。我们之所以能够容忍这种副作用，就是因为正确性要比纯粹追求性能更为重要。如果结果是错误的，算得再快也没有用。

在讨论同步锁的副作用之前，首先介绍一些更为基础的原则。

4.11.1　真的需要操心性能吗

请确认你是否真的需要首先考虑性能。这就回到了第 1 章介绍的原则。程序中的代码并不都是平等的，也不是都需要优化到某个程度。通常你可以从“内层循环（Inner Loop）”开始优化，也就是执行最频繁的代码或者性能要求最高的代码。然后再逐渐扩大优化范围，直至进行优化的代价超过了获得的性能收益为止。你的代码会有很多地方对性能的要求没有那么高，这时如果需要用到同步锁，就没什么要紧了。

在使用同步锁时，你真得非常小心。如果线程池中的线程被不那么重要的代码（Non-critical）占用，并且已经阻塞运行了较长的时间，线程池可能会为了满足其他需求而引入更多线程。如果只有几个线程发生阻塞，那么问题倒还不大。但如果有很多线程如此，那就会有问题，因为大量本该干活的资源被闲置了起来。如果你的程序准备持续运行繁重的任务，那么整个系统一不小心就会被性能要求不高的部分代码拖慢，原因就是频繁的上下文切换或线程池的调度混乱。

4.11.2　我真的需要用到同步锁吗

同步锁的最高性能，就是根本不用它。如果能完全不用线程同步，那你就能获得最佳的性能。看起来很理想，但做起来可能并不简单。通常不用锁也就意味着你必须确保没有可写入的共享区域，应用程序需要处理的每个请求之间都没有关联，也没有共用的可修改（读/写）数据。

不过请注意，重构代码很容易做过了头，把代码搞成一堆乱麻，结果没人能看得懂，甚至连你自己都看不明白。除非性能要求真的很苛刻且别无他法，不然就别大动干戈。就让代码异步地独立运行吧，只要代码清晰易懂即可。

如果有多个线程需要读取某个变量（在某个线程写入之后就根本没有变过），那么就不需要同步，所有线程都可以不受限制地读取。这是不可变对象自动实现的场景，比如字符串或不可变的值类型。如果你能确保多个线程读取时数据的不可变性，那么就可依此处理。

如果有多个线程需要写入共享变量，那就看一下能否转为使用局部变量，这样就能避免进行同步访问。如果能为变量创建一份临时副本，就不需要进行同步。当需要循环进行同步访问时，使用局部变量尤为重要。你需要把对共享变量的循环访问转换为对局部变量的循环访问，只要最后再进行一次共享访问即可。以下示例演示了多个线程如何对共享集合对象添加集合项。

```
object syncObj = new object();
var masterList = new List<long>();
const int NumTasks = 8;
Task[] tasks = new Task[NumTasks];

for (int i = 0; i < NumTasks; i++)
{
  tasks[i] = Task.Run(()=>
  {
    for (int j = 0; j < 5000000; j++)
    {
      lock (syncObj)
      {
        masterList.Add(j);
      }
    }
  });
}
Task.WaitAll(tasks);
```

上述代码可以转换为以下代码。

```
object syncObj = new object();
var masterList = new List<long>();
const int NumTasks = 8;
Task[] tasks = new Task[NumTasks];

for (int i = 0; i < NumTasks; i++)
{
  tasks[i] = Task.Run(()=>
  {
    var localList = new List<long>();
    for (int j = 0; j < 5000000; j++)
    {
      localList.Add(j);
    }
    lock (syncObj)
    {
      masterList.AddRange(localList);
    }
  });
}
Task.WaitAll(tasks);
```

在我的机器上，第2段代码比第1段代码减少了一半的运行时间。

4.11.3 多种同步机制的选择

如果你确实需要使用同步机制，请弄清楚各种同步机制的性能是不一样的，特点也各不相同。如果无所谓性能，那就用 lock 吧，因为它比较简单明了。如果要使用 lock 以外的其他同步机制，那应该对增加的复杂性进行严格评估。通常可以按照以下顺序进行选择。

1. 不做同步。
2. 用 Interlocked 方法。
3. 用 lock/Monitor 类。
4. 用异步锁（本章后续将会介绍）。
5. 其他机制。

以上顺序基本上是按照性能高低来排列的，但特定的环境条件可能会指定或排除某些同步机制的采用。比如一次使用多个 Interlocked 方法就不如只用一个 lock 语句。

4.11.4　内存模型

在详细讨论线程同步之前，我们得先简单讨论一下内存模型（Memory Model）。内存模型是一套系统定义的规则（硬件或软件），编译器根据它对读写操作进行重新排序，处理器根据它对跨线程读写进行重新排序。实际上内存模型是无法修改的，但理解它对于所有场合的正确编码都至关重要。

如果严格限制了数据格式，禁止编译器和硬件进行过多的优化，这种内存模型就被成为“强（Strong）”类型。“弱（Weak）”类型允许编译器和处理器更为自由地重新排列读写指令，为的是可能会获得更好的性能。大多数平台的内存模型处于强模型和弱模型之间。

ECMA 标准（参阅 http://www.writinghighperf.net/go/17）定义了 CLR 必须遵守的最低标准。ECMA 规定的内存模型非常之弱，但已实现的 CLR 实际可能采用了较强的内存模型，是 ECMA 规定的上限。

某些处理器架构也许会强制采用更严格的内存模型。比如 x86/x64 架构的内存模型就相对比较严格，会自动阻止某些指令的重新排序。另一方面，ARM 架构的内存模型就比较宽松。JIT 编译器不仅要保证按照正确的顺序生成机器指令，还要利用特殊指令确保处理器不会违反 CLR 内存模型规则重新安排指令执行顺序。

x86/x64 和 ARM 架构之间的差异对代码产生很大影响，特别是当线程同步存在 Bug 时。因为 ARM 平台的 JIT 编译器对读写指令的顺序重排更为宽松，某些类的同步 Bug 可能在 x86/x64 平台完全无法察觉，但移植到 ARM 平台后就会发作。

有时候 CLR 会为了达到兼容性而掩盖这些差异，但最好还是确保代码能在最宽松的内存模型下正确运行。最基本的要求是在多线程共享数据时 volatile 能够正常工作。volatile 关键字告诉 JIT 编译器，该变量的顺序很重要。在 x86/x64 平台中，volatile 会强制指令顺序执行。但在 ARM 平台中，还需要添加其他指令来确保硬件的正确逻辑。如果省略了 volatile 关键字，ECMA 标准将允许指令完全重新排序执行，Bug 就会发作。

还有另一种方法可以确保共享数据的正确顺序，就是使用 Interlocked 或让所有访问都嵌入 lock 块中。

所有同步方法都会创建一道内存屏障（Memory Barrier）。所有在同步指令之前读取的数据在屏障之后都不允许重新排序，所有在屏障之前写入的数据都不允许重新排序。这样，数据的更新对所有 CPU 都能同时可见。

4.11.5　必要时使用 volatile

以下例子是经典“双检锁”（Double-checked Locking）的一种错误实现，本意是想避免多个线程对 DoCompletionWork 的调用，提高程序的效率。这里试图避免多次调用 lock

的高昂开销，因为一般情况下没必要调用 DoCompletionWork。

```
private bool isComplete = false;
private object syncObj= new object();

// 以下是错误的实现!
private void Complete()
{
  if (!isComplete)
  {
    lock (syncObj)
    {
      if (!isComplete)
      {
        DoCompletionWork();
        isComplete = true;
      }
    }
  }
}
```

尽管 lock 语句会有效保护块内的代码，但在它外边的 isComplete 检查是会被多个线程同时访问的，并没有受到保护。不幸的是，因为当前内存模型允许的编译器优化，isComplete 变量的更新顺序可能会失控，即使某个线程将它设为 true 之后，其他线程仍会看到 false。实际上情况还会更糟糕。isComplete 有可能在 DoCompletionWork()完成之前就被设为 true，也就是说，如果有线程正在查看并修改 isComplete 值的时候，程序是处于一种非法状态。为什么不用 lock 把所有访问 isComplete 的代码都包裹起来呢？你可以这么做，但资源争用情况就会更严重，更大的开销使之失去了意义。

为了修正上述问题，你需要告诉编译器确保对 isComplete 的访问顺序始终是正确的。请使用 volatile 关键字，只要修改如下即可。

```
private volatile bool isComplete = false;
```

显然 volatile 是用来保证程序正确性的，而不是为了提高性能。大多数情况下，使用 volatile 不会明显提高或降低性能。在资源争用情况严重的所有场合，能用 volatile 都比 lock 合适，这也是双检锁模式十分有用的原因所在。

双检锁常常用于单实例模式（Singleton Pattern），这时你想让变量由第 1 个用到的线程进行初始化。在.NET 中这种模式已用 Lazy<T>类实现了封装，内部就是使用了双检锁模式。你最好还是使用 Lazy<T>，不要去实现自己的双检锁模式了。关于 Lazy<T>类的使用详情，请参阅第 6 章。

4.11.6　使用 Interlocked 方法

请看以下使用了 lock 的代码，目的是只能有一个线程执行 Complete 方法。

```
private bool isComplete = false;
private object completeLock = new object();

private void Complete()
{
  lock(completeLock)
  {
    if (isComplete)
    {
      return;
    }
    isComplete = true;
  }
  ...
}
```

你需要用到两个成员变量和几句代码来判断方法是否已被进入过，看起来有点浪费。其实你只要简单地调用一下 Interlocked.Increment 方法即可。

```
private int isComplete = 0;

private void Complete()
{
  if (Interlocked.Increment(ref isComplete) == 1)
  {
    ...
  }
}
```

或者再考虑一种略有不同的情况，Complete 也许会被多次调用，但你希望符合一些内部条件才能进入并执行，且只能进入一次。

```
enum State { Executing, Done };
private int state = (int)State.Executing;

private void Complete()
{
  if (Interlocked.CompareAndExchange (ref state, (int)State.Done,
                  (int)State.Executing) == (int)State.Executing)
```

```
    {
      ...
    }
  }
```

在 Complete 第一次执行时，会判断 state 变量是否为 State.Executing，如果是，则把 state 修改为 State.Done。下一个线程进来执行，判断 state 变量是否为 State.Executing 就不会为 true，CompareAndExchange 会返回 State.Done，if 语句的判断会失败。

Interlocked 的方法会转换为单条处理器指令，并且是原子操作（Atomic），完美适用于这种简单的同步。Interlocked 有好几个方法可用于简单的同步，都是原子操作。

- Add——将两个整数相加，用相加结果替换第 1 个整数并返回结果。
- CompareAndExchange——输入 A、B、C。比较 A 和 C，如果相等则把 A 替换为 B，并返回 A 的原始值。参见下面的 LockFreeStack 示例。
- Increment——把输入变量加 1 并返回新值。
- Decrement——把输入变量减 1 并返回新值。
- Exchange——把变量设为输入值并返回变量的原始值。

以上所有方法对各种数据类型都有重载版本。

Interlocked 的操作都属于内存屏障，因此执行速度都比不上非竞态下的直接写入。

因为比较简便，Interlocked 的方法可以实现更多强大的概念，比如与锁无关（Lock-free）数据结构。但请注意一点，实现自定义数据结构时需要特别小心。“与锁无关”存在误导性，“与锁无关”实际上是“重复操作直至正确”的同义词。只要你开始对 Interlocked 方法的多次调用，效率就可能比不上在一开始调用一次 lock。还有可能很难获得较高的性能。实现这种数据结构用来教学很不错，但在实际的产品代码中首选一定是用.NET 内置的类。如果你真的要实现自定义的线程安全类，那要竭尽全力保证的不仅是 100%的正确性，还要有比现有.NET 库更高的性能。如果你用到了 Interlocked，请确保能比简单的 lock 提供更多好处。

以下例子来自随书附带的 LockFreeStack 项目，用 Interlocked 方法实现了一个简单的线程安全堆栈，没有用到重量级的锁机制。

```
class LockFreeStack<T>
{
  private class Node
  {
    public T Value;
    public Node Next;
  }

  private Node head;
  public void Push(T value)
  {
```

```
        var newNode = new Node() { Value = value };

        while (true)
        {
          newNode.Next = this.head;
          if (Interlocked.CompareExchange(ref this.head, newNode,
                                      newNode.Next)
              == newNode.Next)
          {
            return;
          }
        }
      }

      public T Pop()
      {
        while (true)
        {
          Node node = this.head;
          if (node == null)
          {
            return default(T);
          }
          if (Interlocked.CompareExchange(ref this.head, node.Next, node)
          == node)
          {
            return node.Value;
          }
        }
      }
    }
```

上述代码演示了自定义数据结构的常规实现模式，以及更复杂的在循环中使用 Interlocked 的逻辑。代码大部分时间都是在循环，持续检测条件直至为真。大多数场合，迭代的次数都很少。

虽然使用 Interlocked 的方法比较简单，速度也相对较快，但是你往往需要保护更大范围的代码，Interlocked 就有点力不从心了（或者至少是太过复杂，不够轻巧）。

4.11.7　使用 Monitor（锁）

如果要保护任意大小的代码块，最简单的方法就是使用 Monitor 对象，在 C#中提供了等价的关键字。

以下代码：

```
object obj = new object();
bool taken = false;
try
{
  Monitor.Enter(obj, ref taken);
}
finally
{
  if (taken)
  {
    Monitor.Exit(obj);
  }
}
```

等价于

```
object obj = new object();

lock(obj)
{
...
}
```

如果没有触发“异常”，参数 taken 将被设为 true。这样你就能确保正常调用 Exit。

一般情况下，你都应该使用 Monitor/lock，如果没有确切的依据就不要去使用更复杂的加锁机制。Monitor 是一种混合锁，在进入等待状态并释放线程之前，先会尝试在循环中自旋一段时间。这样在竞争不严重或竞争时间很短的时候，可以获得理想的性能。

Monitor 还有一个更灵活的 API，当你无法立即获得锁时，你还能有其他选择。

```
object obj = new object();
bool taken = false;
try
{
  Monitor.TryEnter(obj, ref taken);
  if (taken)
  {
    // 需要加锁后才能执行的工作
  }
  else
  {
    // 其他工作
  }
```

```
}
finally
{
  if (taken)
  {
    Monitor.Exit(obj);
  }
}
```

这里 TryEnter 会立即返回，不管有没有获得锁。你可以检测 taken 变量来决定下一步的行动。TryEnter 还有一个带 timeout 参数的重载版本。

4.11.8　该在什么对象上加锁

Monitor 类要用一个同步对象做参数。你可以给方法传入任意类型的对象，但需要小心选择这个对象。如果传入一个公共对象，那么其他不需要与当前代码块同步的代码，也有可能用它作为同步对象。如果传入一个复杂对象，那么就要当心该对象中的代码把自己锁住的风险。这两种情况都可能导致性能低下，甚至更糟糕的情况就是死锁（Deadlock）。

为了避免上述问题，最明智的做法就是分配一个简单的、私有的对象，且仅用于加锁，正如上述代码所示。

我还发现有时候显式同步对象可能会有问题，特别是对象数量很多、在类中存在开销很大的成员变量。这时可以用一些其他比较安全的对象来作为同步对象，或者能重构代码不要一开始就加锁则更好。

有些对象的类绝对不应该用作 Monitor 的同步对象。包括所有的 MarshalByRefObject（无法保护底层资源的代理对象）、字符串（保存和共享操作都不可控）和值类型（每次加锁时都会装箱，根本无法阻止同步的发生）。

4.11.9　异步锁

自.NET 4.5 开始提供了一些有趣的功能，将来可能还会添加其他类型。SemaphoreSlim 类有个 WaitAsync 方法，返回值是 Task。这样就不必阻塞等待，只要给 Task 安排一个 Continuation Task 即可，一旦 Semaphore 允许就可以接着运行。不需要进入内核状态（Kernel Mode），也不会阻塞。当锁没有竞争时，Continuation Task 会与线程池中的正常 Task 一样被调度执行。用法与其他 Task 没有区别。

先来看个标准的、阻塞等待的例子，代码来自 WaitAsync 示例项目，确实很无聊，但演示了多个线程是如何通过信号量（Semaphore）协同工作的。

```
class Program
```

```
{
  const int Size = 256;
  static int[] array = new int[Size];
  static int length = 0;
  static SemaphoreSlim semaphore = new SemaphoreSlim(1);

  static void Main(string[] args)
  {
    var writerTask = Task.Run((Action)WriterFunc);
    var readerTask = Task.Run((Action)ReaderFunc);

    Console.WriteLine("Press any key to exit");
    Console.ReadKey();
  }

  static void WriterFunc()
  {
    while (true)
    {
      semaphore.Wait();
      Console.WriteLine("Writer: Obtain");
      for (int i = length; i < array.Length; i++)
      {
        array[i] = i * 2;
      }
      Console.WriteLine("Writer: Release");
      semaphore.Release();
    }
  }


  static void ReaderFunc()
  {
    while (true)
    {
      semaphore.Wait();
      Console.WriteLine("Reader: Obtain");
      for (int i = length; i >= 0; i--)
      {
        array[i] = 0;
      }
      length = 0;
      Console.WriteLine("Reader: Release");
      semaphore.Release();
    }
```

```
    }
}
```

在等待其他线程结束循环时，每个线程都处于无限循环状态。当调用了 Wait 方法后，线程将会阻塞至信号量被释放。在吞吐量要求很高的程序中，这种阻塞是一种严重的浪费，降低了处理能力，并会增加线程池的体积。如果阻塞持续时间过长，可能会发生内核模式切换，浪费就会更严重。

如果要使用 WaitAsync，请把读/写线程改写如下。

```
static void WriterFuncAsync()
{
  semaphore.WaitAsync().ContinueWith(_ =>
  {
    Console.WriteLine("Writer: Obtain");
    for (int i = length; i < array.Length; i++)
    {
      array[i] = i * 2;
    }
    Console.WriteLine("Writer: Release");
    semaphore.Release();
  }).ContinueWith(_=>WriterFuncAsync());
}

static void ReaderFuncAsync()
{
  semaphore.WaitAsync().ContinueWith(_ =>
  {
    Console.WriteLine("Reader: Obtain");
    for (int i = length; i >= 0; i--)
    {
      array[i] = 0;
    }
    length = 0;
    Console.WriteLine("Reader: Release");
    semaphore.Release();
  }).ContinueWith(_=>ReaderFuncAsync());
}
```

请注意，这里去除了循环，换成了一串调用方法自身的 Continuation Task。逻辑上看是递归调用，但实际上不是，因为每个 Continuation Task 都是一个新的 Task，都会新开堆栈。

使用 WaitAsync 是不会发生阻塞，但并不是免费的。新增 Task 的调度和方法调用仍然是需要开销的。如果程序需要调度的 Task 有很多，增加的调度开销可能会抵消无阻塞的好处。如果锁都非常短暂（只运行到自旋，从没进入内核模式），或者数量很少，那么可能还是阻塞几毫秒为好。反之，如果在加锁状态中需要执行的 Task 耗时较长，那可能是采用 WaitAsync 更好，因为新开 Task 的开销会小于阻塞处理器的开销。你应该进行仔细的评估和实验。

如果你对异步加锁模式感兴趣，请阅读 Steven Toub 关于异步合作原语（Asynchronous Coordination Primitive）的文章 http://www.writinghighperf.net/go/21，那里还介绍了一些其他的加锁类型和模式。

4.11.10 其他加锁机制

你还有很多加锁机制可用，但你应该坚持少用的原则。与很多事物一样，简单至上，特别是多线程编程更是如此。

如果知道加锁时间很短（比如几十个时钟周期），想要禁止它进入等待状态，你可以使用 SpinLock。SpinLock 只会在循环中自旋，直至竞争解除。大多数场合都应该首选 Monitor，因为 Monitor 会先自旋，等有必要再进入等待状态。

```
private SpinLock spinLock = new SpinLock();

private void DoWork()
{
  bool taken = false;
  try
  {
    spinLock.Enter(ref taken);
  }
  finally
  {
    if (taken)
    {
      spinLock.Exit();
    }
  }
}
```

一般应尽量避免使用其他加锁机制，因为性能都不能与简单的 Monitor 相比。类似 ReaderWriterLockSlim、Semaphore、Mutex 之类的自定义同步对象，无疑都有自己的用途，但通常都更为复杂，也更容易出错。

请绝对不要使用 ReaderWriterLock——它已经过时，没有任何采用的理由。

如果系统提供了*Slim 版本的异步对象，那请尽量选用，而不再使用不带 Slim 的版本。*Slim 版本的锁全都是混合锁，也就是在进入内核模式前（速度会慢很多）实现了某种形式的自旋。如果可以预见竞争很少、时间很短，那么*Slim 版本的锁性能要好很多。

比如，ManualResetEvent 和 ManualResetEventSlim 类都存在，但有 AutoResetEvent 类却没有 AutoResetEventSlim 类。不过你可以用 initialCount 参数设为 1 的 SemaphoreSlim 类，来达到与 AutoResetEventSlim 同样的效果。

4.11.11　可并发访问的集合类

有少数.NET 集合类（Collection）支持来自多个线程的并发访问，它们都在 System.Collections.Concurrent 命名空间中，包括以下几个。

- ConcurrentBag<T>——无序集合。
- ConcurrentDictionary<TKey, TValue>——键/值对集合。
- ConcurrentQueue<T>——先进先出队列。
- ConcurrentStack<T>——后进先出队列。

它们内部大多数都是用 Interlocked 或 Monitor 实现同步原语的，我建议你可以用 IL 反编译工具来查看一下它们的实现代码。

它们用起来很方便，但你需要特别小心，因为每次访问集合成员都需要进行同步。通常这有点小题大做，在竞争很激烈时会降低程序性能。如果你确实需要碎烦（Chatty）地读写集合数据，这种小范围的同步方式也许正合适。

本节会介绍一些可并发访问集合的替代品，也许能简化你的加锁需求。关于集合的全面讨论，请参阅第 6 章，本节的内容都会有涉及，特别是这些集合类特有的 API，想用好还是有难度的。

4.11.12　使用更大范围的锁

如果你需要一次读写很多数据，也许应该使用非同步集合，并且在较大范围自己控制加锁（或者寻找一种无需同步的做法，下一节将会介绍一种思路）。

同步机制的粒度（Granularity）对整体效率有着很大的影响。很多情况下，只用一个锁来进行批量更新，要比每次小更新都加锁效率更高。我自己进行过不大正规的测试，在 ConcurrentDictionary 中插入数据项要比标准的 Dictionary 大约慢上两倍。

你必须对应用程序进行性能评估，找到折衷的做法。

你还要注意一点，有时候为了保证程序实现特定的约束，也需要在较大范围进行加锁。经典案例就是银行在两个账户之间的转账。两个账户的余额当然只能分别进行修改，但必须一起完成才算是一笔成功的交易。数据库的事务也是类似的概念。单条记录的插入也许是原子操作，但为了保证数据的完整性，你也许要用到事务来实现更高级别操作的原子性。

4.11.13 替换整个集合

如果你的数据大部分都是只读的，那么你可以安全使用不可并发访问的集合。在需要修改集合中的数据时，可以生成一个全新的集合对象，在数据修改完毕后把原来的引用替换掉即可，如下所示。

```
private volatile Dictionary<string, MyComplexObject> data = new
  Dictionary<string, MyComplexObject>();

public Dictionary<string, MyComplexObject> Data { get { return data; } }

private void UpdateData()
{
  var newData = new Dictionary<string, MyComplexObject>();
  newData["Foo"] = new MyComplexObject();
  ...
  data = newData;
}
```

请注意这里的 volatile 关键字确保了所有线程都能正确更新 Data。

如果上述代码的调用者需要多次访问 Data 属性，不希望中途被替换成一个新的对象，那可以为 Data 创建一个局部拷贝，不要直接引用原来的属性值即可。

```
private void CreateReport(DataSource source)
{
  Dictionary<string, MyComplexObject> data = source.Data;

  foreach(var kvp in data)
  {
    ...
  }
}
```

替换整个集合的做法也不是万无一失的，而且确实会增加一点代码复杂度。你还需要权衡一下替换的代价，因为新建集合也许会招致完全垃圾回收。只要重新加载整个集合是很少发生的，而且你能应付偶尔的完全垃圾回收，那替换整个集合也许在很多场合都是不错的做法。关于如何避免完全垃圾回收的更多信息，请参阅第 2 章。

4.11.14　将资源复制给每个线程

如果资源是轻量级的、非线程安全的，而且会在多线程环境下被多次使用，那么请考虑将其标为[ThreadStatic]。.NET 中的 Random 类就是一个典型例子，它就不是线程安全的。

以下代码来自 MultiThreadRand 示例项目。

```
[ThreadStatic]
static Random safeRand;

static void Main(string[] args)
{
  int[] results = new int[100];

  Parallel.For(0, 5000,
    i =>
    {
      // 线程静态变量未被初始化
      if (safeRand == null) safeRand = new Random();
      var randomNumber = safeRand.Next(100);
      Interlocked.Increment(ref results[randomNumber]);
    });
}
```

在第一次用到标记了[ThreadStatic]的静态变量时，你应该总是假定它未经初始化。.NET 只会对第一个变量进行初始化，其他变量都将是默认值（通常是 null）。

4.12　评估

凡是与多线程有关的议题，都是最难调试的。一开始就努力把代码写正确，将会让你受益匪浅，因为以后就不必在调试上耗费许多时间了。

不过在.NET 环境下查找资源冲突的源头也十分容易，下面介绍一些优秀的高级工具，它们能帮助你完成一些常规的多线程分析。

4.12.1　性能计数器

在“Process”类别中包含了“Thread Count”计数器。

在“Synchronization”类别中，你可以看到以下计数器。

- Spinlock Acquires/sec。

- Spinlock Contentions/sec。
- Spinlock Spins/sec。

在“System”类别中，你可以看到“Context Switches/sec”计数器，它的理想值应该是多少很难得知。你可能会找到很多相互矛盾的建议值（我常常看到 300 正常、1000 太高的说法），因此我觉得你更应该把这个计数器视为相对参考值，对其变化情况进行跟踪，如果增大，则表示可能存在问题。

.NET 在“.NET CLR LocksAndThreads”类别下提供了以下计数器。

- # of current logical Threads——当前进程中的托管线程数。
- # of current physical Threads——分配给当前进程的操作系统线程数，用于执行托管线程，不含仅供 CLR 使用的线程。
- Contention Rate / sec——用于发现哪些锁经常发生（Hot Lock）的重要指标，这时你需要重构代码或移除锁。
- Current Queue Length——在某个锁中阻塞的线程数。

4.12.2 ETW 事件

在以下事件当中，“ContentionStart”和“ContentionStop”最为有用。其他事件也许在并发级别异常变化时会比较有用，因为你需要进一步查看线程池的状态。

- ContentionStart——争用开始。不包括混合锁在自旋阶段的时间，只会在进入真正的阻塞状态时引发，包括以下数据字段。

  Flags——0 表示托管，1 表示本机。
- ContentionStop——争用结束。
- ThreadPoolWorkerThreadStart——线程池中有一个线程启动了，包括以下数据字段。
  - ActiveWorkerThreadCount——可用的工作线程数量，正在工作和等待分配任务的线程都计算在内。
  - RetiredWorkerThreadCount——被保留的工作线程数，以备之后需要更多线程时使用。
- ThreadPoolWorkerThreadStop——线程池中有一个线程停止了。数据字段与 ThreadPoolWorkerThreadStart 的一样。
- IOThreadCreate——创建了一个 I/O 线程，包括以下数据字段。

  Count——线程池中的 I/O 线程数。

与线程有关的 ETW 事件，请参阅 http://www.writinghighperf.net/go/22。

4.12.3　查找争用情况最严重的锁

在开发阶段，你可以使用 Visual Studio 的性能评估工具（profiler）来收集加锁数据。启动“性能向导”，选择“资源争用数据（并发）”即可。

如果是要在生产主机上收集数据，我发现 PerfView 最好用。你可以用 HighContention 示例程序来实验一下。运行程序并用 PerfView 收集.NET 事件。等待.etl 文件就绪后，打开“Any Stacks”视图，找到“Event Microsoft-Windows-DotNETRuntime/Contention/Start”数据项并双击，打开的视图应如图 4-1 所示。

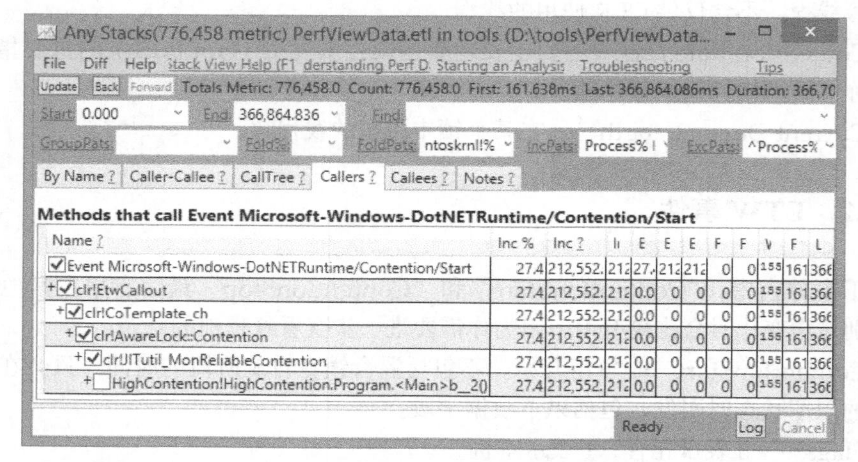

图 4-1　PerfView 显示出所有引发争用的托管同步对象，严重程度一目了然

导致锁争用的调用栈都会显示出来。在图 4-1 中，你可以发现争用情况来自于 Main 方法中的一个匿名方法。

4.12.4　查找线程在 I/O 的阻塞位置

利用 PerfView 可以收集线程进入不同状态的信息，如果程序没有占用 CPU，你可以由此更精确地获悉其整体耗时。不过请注意，启用这个选项将会大幅降低程序运行速度。

在 PerfView 的“Collect”对话框中，勾选“Thread Times”，其他保持默认值（Kernel、.NET 和 CPU 事件）。

等数据收集完毕后，你将在结果树中看到一个“Thread Times”节点，打开并来到“By Name”页。你会看到上面有两大类：“BLOCKED_TIME”和“CPU_TIME”。双击“BLOCKED_TIME”就会看到调用者，如图 4-2 所示。

Methods that call BLOCKED_TIME

Name
☑BLOCKED_TIME
+☐LAST_BLOCK (Last blocking operation in trace)
+☐OTHER <<ntdll!_RtlUserThreadStart>>
+☑OTHER <<mscorlib.ni!System.IO.TextReader+SyncTextReader.ReadLine()>>
|+☐CompressFiles!CompressFiles.Program.Main(class System.String[])

图 4-2　PerfView 阻塞时间的调用栈，表明阻塞由 TextReader.ReadLine 方法引发

图 4-2 显示了 TextReader.ReadLine 的阻塞时间，调用是从 Main 方法发起的。

4.12.5　利用 Visual Studio 可视化展示 Task 和线程

Visual Studio 自带了一个名为“Concurrency Visualizer”的工具，它收集的事件类型和 PerfView 相同，但会以图形化的形式展现出来，因此你可以准确地看到程序中的所有 Task 和线程。你还可以看到 Task 的启动和停止时间，还有线程的阻塞位置（是正在消耗 CPU，还是等待 I/O 结果等），如图 4-3 所示。

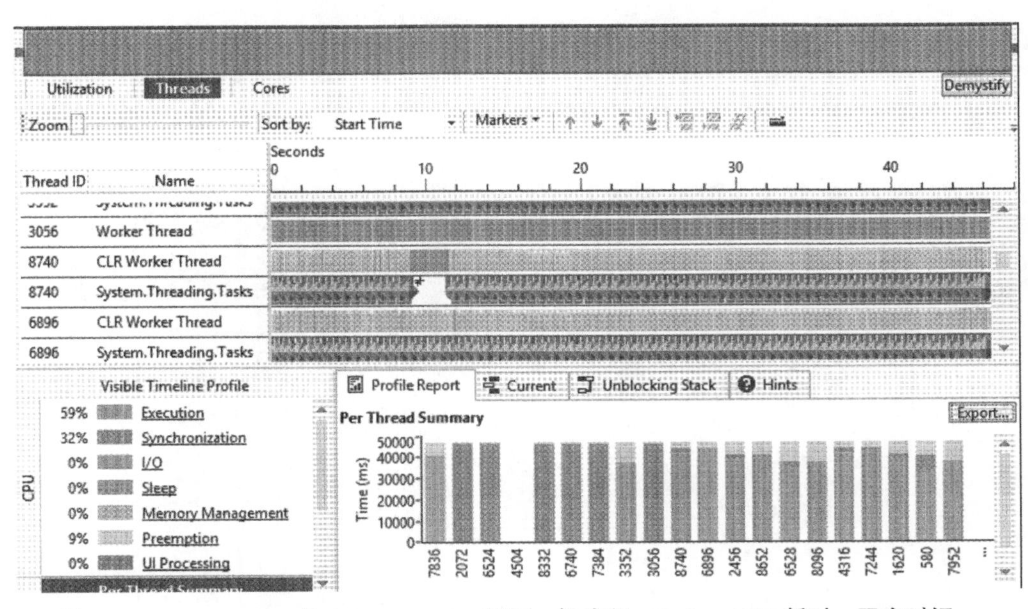

图 4-3　Visual Studio 的 Thread Times 视图，把线程、Task、CPU 耗时、阻塞时间、中断等信息融合在一张时间轴视图中显示

有一点非常重要，请记住收集这类线程信息可能会大幅降低程序的性能，因为线程的每次状态变化都需要记录事件，记录的频率将会非常高。

4.13　小结

当你需要避免 UI 线程的阻塞，或者要在多个 CPU 上并行工作，或者想把等待 I/O 结果的线程阻塞以免浪费 CPU 资源，那就可以使用多线程机制。请不要直接使用线程对象，而应该使用 Task。不要等待 Task 的结束，而应该为 Task 安排一个结束后会继续执行的 Continuation Task。利用 async 和 await，可以简化 Task 的同步语法。

绝对不要采用阻塞式 I/O。从 Stream 中读写数据时一定要使用异步 API。利用 Continuation Task 设置 I/O 完成后的回调方法。

尽一切可能避免阻塞的发生，哪怕需要对代码做出大幅重构也在所不惜。必要时尽可能使用最简单的加锁机制。为了简化状态的切换，可以考虑使用 Interlocked 的方法。如果争用时间很短、频率很低，请使用 lock/Monitor，并用私有变量作为同步对象。如果你的临界区域争用情况很严重，持续时间超过了若干毫秒，请考虑采用 SemaphoreSlim 之类的异步锁模式。

第 5 章　编码和类设计的一般规则

本章介绍本书其他地方没有涵盖到的编码和类设计的一般规则。因为要适用于多种场景，.NET 包含了很多特性，虽然很多特性都对性能没什么影响，但还是有一些特性肯定是有损于性能的。其他特性则对性能不增不减，你必须根据场合选择合适的使用方式。

如果要我把本章和下一章的内容总结成一条规律，那就是：

深度优化往往会与代码的抽象发生冲突。

也就是说，为了尽量获得良好的性能，你需要理解甚至依赖于各个逻辑层面的实现细节。很多细节将会在本章中介绍。

5.1　类和“结构”的对比

类（Class）的实例通常在堆中分配内存，并通过指针的间接引用进行访问。对象的传递代价很小，因为只需要复制指针（4 或 8 个字节）。当然，对象还有一些固定的开销，32 位进程需要 8 个字节，64 位进程则需要 16 个字节。这个固定开销包含了指向方法表的指针、用于多种用途的同步块字段。但是，如果你在调试器中查看一个没有成员的对象，你会发现显示为 12 个字节（32 位）或 24 个字节（64 位）。为什么呢？因为.NET 会进行内存对齐，实际上 12/24 字节是对象的最小尺寸。

“结构”（Struct）则根本没有多余的开销，它占用的内存就是所有内部字段之和。如果“结构”声明为方法内部的局部变量，那么是在堆栈中分配内存。如果“结构”声明为类的成员，那么就会占用类的内存（位于堆中）。如果你把“结构”作为参数传给方法，那么会逐字节地复制进去。因为“结构”不是存放在堆内存中的，分配“结构”变量绝对不会导致垃圾回收。

这就需要一定的权衡了。有关“结构”的最大尺寸，你可以找到各种建议，但我还是没能找出一个确切的数值。大多数情况下，你都应该让“结构”保持很小的尺寸，特别是需要传来传去的时候。但你也可以传递“结构”指针，这样尺寸就不是一个很重要的问题了。确定是否合适的唯一方法，就是根据使用场景自行评估。

有些时候使用对象和“结构”造成的性能差异会非常大。虽然单个对象的开销看起来并不很大，但对象数组和“结构”数组就不一样了。假定在 32 位系统中，有个数据结构包含了 16 个字节的数据，数组长度是 1 000 000。

对象数组占用的总空间为：

8 字节数组开销+
（4 字节指针 × 1 000 000）+
（(8 字节开销+ 16 字节数据）× 1 000 000）
= 28 MB。

“结构”数组则结果大不一样：

8 字节数组开销+
（16 字节数据 × 1 000 000）
= 16 MB

如果是在 64 位进程中，对象数组会超过 40MB，而“结构”数组仍然只需要 16MB。

如你所见，“结构”数组占用的内存较少。除了对象的额外开销，因为内存压力增大，你还会迎来更高的垃圾回收频率。

除了内存开销之外，CPU 的效率也会受到影响。CPU 周边拥有多级缓存（Cache），容量很小但速度很快，并且专门针对顺序访问做过优化。

“结构”数组在内存中存放了很多顺序访问的数据，访问“结构”数组的成员非常简单。只要位置正确，就能访问到数据。在遍历大型数组时，这种访问方式会造成访问时间上的巨大差异。如果数据已经在 CPU 的缓存中了，访问速度会比 RAM 快 1 个数量级。

如果要访问对象数组的成员，必须先访问数组所在内存，然后通过指针间接访问到内存堆中的数据。对象数组的遍历需要多间接访问一次指针，跳转到内存堆中，CPU 缓存的清理会更为频繁，很可能会浪费较多的缓存数据。

很多时候，CPU 和内存的开销较少，是“结构”受到偏爱的主要理由。如果使用得当，你可以从内存就近访问可能性中换来明显的性能提升。

因为“结构”总是按值复制的，如果你不够小心，那么你可能会给自己制造一些很有意思的麻烦。比如以下代码包含了 Bug，编译不会通过。

```
struct Point
{
  public int x;
  public int y;
}

public static void Main()
{
  List<Point> points = new List<Point>();
  points.Add(new Point() { x = 1, y = 2 });
  points[0].x = 3;
}
```

问题出在了最后一行，这里试图修改列表中已有的 Point。这是不可能完成的，因为

points[0]返回的是一份拷贝，不会持久保存下去。正确修改 Point 的做法如下。

```
Point p = points[0];
p.x = 3;
points[0] = p;
```

不过最好还是采用更为严格的规则，让“结构”不可更改，一旦创建完毕就永远不能改变其中的数据。这样上述问题就不可能发生，从而简化了“结构”的使用。

我以前提到过，“结构”应该尽可能短小，避免在复制时消耗太多时间，但偶尔也会有用到大型“结构”的时候。比如以下对象记录了大量商务流程信息，包括了很多时间戳。

```
class Order
{
  public DateTime ReceivedTime {get;set;}
  public DateTime AcknowledgeTime {get;set;}
  public DateTime ProcessBeginTime {get;set;}
  public DateTime WarehouseReceiveTime {get;set;}
  public DateTime WarehouseRunnerReceiveTime {get;set;}
  public DateTime WarehouseRunnerCompletionTime {get;set;}
  public DateTime PackingBeginTime {get;set;}
  public DateTime PackingEndTime {get;set;}
  public DateTime LabelPrintTime {get;set;}
  public DateTime CarrierNotifyTime {get;set;}
  public DateTime ProcessEndTime {get;set;}
  public DateTime EmailSentToCustomerTime {get;set;}
  public DateTime CarrerPickupTime {get;set;}

  // 其他还有很多数据
}
```

为了简化代码，一种较好的做法应该就是把这些时间存放到一个数据结构中，这样就可以通过以下形式的代码访问 Order 对象了。

```
Order order = new Order();
Order.Times.ReceivedTime = DateTime.UtcNow;
```

你可以把这些时间数据归入一个类中。

```
class OrderTimes
{
  public DateTime ReceivedTime {get;set;}
  public DateTime AcknowledgeTime {get;set;}
  public DateTime ProcessBeginTime {get;set;}
  public DateTime WarehouseReceiveTime {get;set;}
  public DateTime WarehouseRunnerReceiveTime {get;set;}
```

```
  public DateTime WarehouseRunnerCompletionTime {get;set;}
  public DateTime PackingBeginTime {get;set;}
  public DateTime PackingEndTime {get;set;}
  public DateTime LabelPrintTime {get;set;}
  public DateTime CarrierNotifyTime {get;set;}
  public DateTime ProcessEndTime {get;set;}
  public DateTime EmailSentToCustomerTime {get;set;}
  public DateTime CarrerPickupTime {get;set;}
}

class Order
{
  public OrderTimes Times;
}
```

但这样每个 Order 对象就会多占用 12 或 24 个字节的开销。如果你需要把 OrderTimes 对象作为参数整体传入很多方法，这种采用类的做法也许还说得过去，但为什么不传递整个 Order 对象的引用呢？如果你一次需要处理几千个 Order 对象，这种做法会导致更多的垃圾回收次数，还会造成额外的内存间接引用。

不妨把 OrderTimes 换成“结构”。OrderTimes“结构”作为 Order 中的单独属性，访问它（order.Times.ReceivedTime）并不会导致“结构”数据的复制（.NET 会进行优化）。这时的 OrderTimes“结构”其实在内存中是 Order 类的一部分，几乎就和没有用到结构一样，而同时提高了代码的可读性。

“结构”的这种用法与其不可变原则并不矛盾，但容易让人误把 OrderTimes“结构”中的字段当作 Order 对象的成员。你不需要把 OrderTimes 作为实体来传递——它只是一种数据结构而已。

5.2　重写“结构”的 Equals 和 GetHashCode 方法

使用“结构”时有一点十分重要，就是一定要重写（Override）Equals 和 GetHashCode 方法。如果没做重写，就会使用完全未作性能优化的默认版本。请用 IL 查看器看一下 ValueType.Equals 的代码，你就知道默认实现有多糟糕了。这会牵涉对“结构”内部数据的反射过程（Reflection）。不过对于可直接复制为本机结构的类型（Blittable），会做一些优化。Blittable 类型是指在托管和非托管代码中的内存布局完全一致的数据类型。Blittable 类型仅限于基元类型中的数值型（Primitive Numeric Type）和 IntPtr/UIntPtr。比如 Int32、UInt64 是 Blittable 类型，但 Decimal 却不是，因为 Decimal 不是基元类型。如果“结构”全都是由 Blittable 类型数据构成的，那么 Equals 的实现代码执行起来相当于对整个“结构”进行逐字节比较。为了适应各种不同数据类型，还是实现你自己的 Equals 方法吧。

如果只是重写了 Equals（object other）方法，那性能还是会无法完全发挥，因为这个方法会对值类型进行强制类型转换（Cast）和装箱（Box）操作。因此请实现 Equals(T other) 方法，T 是你的“结构”类型。IEquatable<T>接口就是为此而存在的，所有的“结构”类型都应该实现这个接口。在编译过程中，编译器会优先匹配可能的强类型版本。以下代码片段给出了示例。

```
struct Vector : IEquatable<Vector>
{
 public int X { get; set; }
 public int Y { get; set; }
 public int Z { get; set; }

 public int Magnitude { get; set; }

 public override bool Equals(object obj)
 {
  if (obj == null)
  {
   return false;
  }
  if (obj.GetType() != this.GetType())
  {
   return false;
  }
  return this.Equals((Vector)obj);
 }

 public bool Equals(Vector other)
 {
  return this.X == other.X
   && this.Y == other.Y
   && this.Z == other.Z
   && this.Magnitude == other.Magnitude;
 }

 public override int GetHashCode()
 {
  return X ^ Y ^ Z ^ Magnitude;
 }
}
```

如果数据类型实现了 IEquatable<T>，.NET 的泛型集合类会检测到并利用它执行更为高效的检索和排序。

你还可能需要为你的数据类型实现==和!=操作符，以便让它们调用已实现的 Equals(T) 方法。

即便你从来不对“结构”类型进行比较，也不把它们作为集合类的成员，我还是建议你实现上述方法。你无法预知你的“结构”类型将来的用途，实现这几个方法花不了你几分钟，生成的 IL 代码也没几个字节，如果没用到的话甚至都不会被 JIT 编译。

重写 GetHashCode 方法的重要性没有 Equals 那么大，因为默认实现只是根据对象的引用判断相等性。只要这种判断适用于你的对象，你就可以保持默认实现不变。

5.3　虚方法和密封类

默认情况下当然不要把方法标记为虚方法（Virtual Method）。但如果你的程序必须要使用虚方法，你或许不应该花费很大精力去把它去掉。

虚方法会阻止某些 JIT 编译器优化，尤其是无法对其进行内联。编译器只有在 100%清楚要调用的方法时，才能对其进行内联。虚方法丧失了这种确定性，尽管还有其他原因更有可能会让内联优化失效，在第 3 章中已经介绍过了。

与虚方法关系最近的概念就是密封类（Sealed Class），如：

```
public sealed class MyClass {}
```

密封类表示不允许其他类继承。理论上 JIT 能利用密封类声明进行更为大胆的内联优化，但目前却还未实现。无论如何，你还是应该首选把类标记为密封类，并且除非必要就不把方法标记为虚方法。这样不论是现在，还是 JIT 编译器会实现优化的未来，你的代码都能够从中受益。

如果你编写的是类库，也就是要能适用于各种场合，特别是要被外部系统使用时，你就需要倍加小心。这种情况下，为了让你的类库能被有效重用和可定制化，虚 API（Virtual）可能比性能更为重要。但对于那些你能经常更新的代码，或者只是内部使用的代码，那还是采用性能至上的策略吧。

5.4　接口的分发（Dispatch）

当你第一次通过某个接口调用方法时，.NET 必须找出由哪个类型和方法来执行调用。首先会调用一段桩代码（Stub），为实现了该接口的对象找到正确的方法。经过数次查找之后，CLR 会意识到总是在调用同一个具体类型（Concrete Type），Stub 代码会由间接调用简化为几条直接调用的汇编指令。这几条指令被称为 Monomorphic Stub，因为已经知道如何直接调用某个类型的方法。如果调用方总是对同一个类型调用接口方法，那这就是理想的状态。

Monomorphic Stub 也会检测到调用错误。如果调用方用了其他类型的对象，那么 CLR 最终会用另一个指向新类型的 Monomorphic Stub 替换掉 Stub 代码。

如果情况比较复杂，需要调用多种类型，可预测性也不高（比如你用接口类型组成了数组，但有多种具体类型存在），那么 Stub 代码会变成使用哈希表来选择方法的 Polymorphic Stub。哈希表的检索速度是很快，但还是没有直接调用的 Polymorphic Stub 快，而且这个哈希表的大小是受到严格限制的。如果你的类型过多，Stub 还可能会回到一开始那种泛型查找的代码，那样开销就很高了。

如果上述策略已经影响到了程序性能，你有以下选择。

1．避免通过公共接口（Common Interface）调用对象。

2．找出你的基础公共接口，替换为抽象基类。

上述问题并不常见，但如果你的类型架构比较庞大，所有类型都实现了同一个公共接口，你又通过这个基础接口调用方法，那么你就有可能碰到这个问题。你应该能看到，在调用这些方法时 CPU 占用率会很高，并且方法实际完成的工作无法解释这么高的运算量。

> **故事**
>
> 我们在设计某个大型系统期间，预先知道会有数以千计的类型都继承自同一个公共类型。我们知道有很多地方会通过基类访问后代的方法。因为团队中有人清楚接口分发机制及其问题，所以我们没有使用根接口，而是选择了抽象基类。

关于接口分发的更多信息请参阅 Vance Morrison 的博客 http://www. writinghighperf .net/go/23。

5.5 避免装箱

装箱（Boxing）是把值类型（如基元类型和“结构”）封装到对象中的过程，用于向参数为对象引用的方法传递数据，而对象存活于内存堆中。拆箱（Unboxing）就是把封装的原始值再还原出来。

装箱需要耗费 CPU 开销来进行对象分配、数据复制和强制类型转换，但更严重的是会增加 GC 堆的负担。稍不留意，装箱操作就会导致大量的内存分配，都得靠 GC 来提供支撑。

比如执行以下计算时，明显就会发生装箱操作。

```
int x = 32;
object o = x;
```

生成的 IL 大致如下。

```
IL_0001: ldc.i4.s 32
IL_0003: stloc.0
```

```
IL_0004: ldloc.0
IL_0005: box [mscorlib]System.Int32
IL_000a: stloc.1
```

看来想要查找大部分装箱代码还是比较容易的，只要用 ILDASM 把 IL 转换成文本并检索 box 指令即可。

常见的意外装箱情形就是用到了以 object 或 object[]为参数的 API，最明显的例子就是 String.Format 或旧的集合类（只能存放对象引用）。无论出于什么理由，都应该完全避免使用这种 API（参阅第 6 章）。

把“结构”类型的数据赋值给接口时，也有可能发生装箱操作。比如：

```
interface INameable
{
  string Name { get; set; }
}

struct Foo : INameable
{
  public string Name { get; set; }
}

void TestBoxing()
{
  Foo foo = new Foo() { Name = "Bar" };
  // 发生装箱!
  INameable nameable = foo;
  ...
}
```

如果你单独测试上述代码，请注意是否真的用到了装箱后的变量。因为这个变量如从未被使用过，编译器就会进行优化，从而剔除装箱指令。只要你调用了变量的方法或者用到了它的数值，那装箱指令就会保留下来。

关于装箱还需要注意的一点，就是以下代码的运算结果。

```
int val = 13;
object boxedVal = val;
val = 14;
```

最后 boxedVal 的值是多少呢？

装箱时会复制数据，因此原变量的值和装箱后的对象值没有任何关系。上述例子中，val 的值变为 14，但 boxedVal 将保持初始值 13 不变。

有时你可以在进行 CPU 性能分析时捕捉到装箱操作，但很多装箱调用是内联实现

(inlined) 的，没有什么可靠的途径能发现它们。在 CPU 分析时，装箱过多的表现形式就是通过 new 操作进行大量的内存分配。

如果你发现有很多针对“结构”的装箱操作，并且无法避免，那也许该把“结构”转换为类，有可能会降低总体开销。

最后请记住，传递值类型的引用不会发生装箱操作，只要查看 IL 代码你就会发现，传给方法的是值类型的地址。

5.6 for 和 foreach 的对比

通过第 1 章中的 MeasureIt 例程，你可以发现用 for 循环和 foreach 遍历集合时的区别。任何时候使用标准的 for 循环都明显会快一些。不过你在进行简单的测试时，也许会发现速度快慢取决于运行环境。在很多时候，.NET 会自动把简单的 foreach 语句转换为标准的 for 循环。

让我们看下 ForEachVsFor 示例项目，部分代码如下。

```
int[] arr = new int[100];
for (int i = 0; i < arr.Length; i++)
{
  arr[i] = i;
}

int sum = 0;
foreach (int val in arr)
{
  sum += val;
}
sum = 0;
IEnumerable<int> arrEnum = arr;
foreach (int val in arrEnum)
{
  sum += val;
}
```

在编译完成后，用 IL 反编译工具进行反编译。你会发现第一个 foreach 实际上被编译成了 for 循环。IL 代码如下。

```
// 循环开始 (head: IL_0034)
IL_0024: ldloc.s CS$6$0000
IL_0026: ldloc.s CS$7$0001
IL_0028: ldelem.i4
IL_0029: stloc.3
```

```
IL_002a: ldloc.2
IL_002b: ldloc.3
IL_002c: add
IL_002d: stloc.2
IL_002e: ldloc.s CS$7$0001
IL_0030: ldc.i4.1
IL_0031: add
IL_0032: stloc.s CS$7$0001
IL_0034: ldloc.s CS$7$0001
IL_0036: ldloc.s CS$6$0000
IL_0038: ldlen
IL_0039: conv.i4
IL_003a: blt.s IL_0024
// 循环结束
```

这里有很多保存、载入、累加操作及 1 个分支，都很简单。可只要我们把数组换成 IEnumerable<int>，并做同样操作，开销就会增加很多。

```
IL_0043: callvirt instance class
[mscorlib]System.Collections.Generic.IEnumerator`1<!0> class
[mscorlib]System.Collections.Generic.IEnumerable`1<int32>::GetEnumerator()
IL_0048: stloc.s CS$5$0002
.try
{
  IL_004a: br.s IL_005a
  // 循环开始 (head: IL_005a)
    IL_004c: ldloc.s CS$5$0002
    IL_004e: callvirt instance !0 class
[mscorlib]System.Collections.Generic.IEnumerator`1<int32>::get_Current()
    IL_0053: stloc.s val
    IL_0055: ldloc.2
    IL_0056: ldloc.s val
    IL_0058: add
    IL_0059: stloc.2

    IL_005a: ldloc.s CS$5$0002
    IL_005c: callvirt instance bool
[mscorlib]System.Collections.IEnumerator::MoveNext()
    IL_0061: brtrue.s IL_004c
  // 循环结束

  IL_0063: leave.s IL_0071
} //.try 结束
finally
{
```

```
    IL_0065: ldloc.s CS$5$0002
    IL_0067: brfalse.s IL_0070

    IL_0069: ldloc.s CS$5$0002
    IL_006b: callvirt instance void [mscorlib]System.IDisposable::Dispose()

    IL_0070: finally结束
  } // end handler
```

这里有 4 个虚方法调用、1 个 try-finally。还有 1 次内存分配未列出，是局部变量 Enumerator，用于记录迭代状态。这次的开销比简单的 for 循环要大很多，用到了更多的 CPU 和内存。

请记住，底层的数据结构仍然是数组，for 循环仍然是可用的，但我们用了 1 个 IEnumerable 来混淆了一下。这里的重要教训在本章一开始就提到了，深度优化往往会与代码的抽象发生冲突。foreach 是对循环的抽象，而 IEnumerable 是对集合的抽象。两者合在一起，就遏止了通过 for 循环访问数组的性能优化。

5.7 强制类型转换

通常情况下，你应该尽可能避免强制类型转换的发生。强制类型转换往往意味着类的设计有问题，但也有很多时候确实有必要进行。比较常见的情形就是无符号和有符号整型之间的转换，以便适应各种第三方的 API。对象的强制类型转换应该要少得多。

对象的类型转换都是有代价的，但根据对象之间的关系不同，开销差异会很大。把对象转换为父类型相对开销较小，把父对象转换为正确的子类型则要昂贵得多。类的继承关系越庞杂，转换的开销就越大。转换为接口的开销也要比转为实体类高一些。

绝对不要进行非法的类型转换，这会抛出 InvalidCastException，而抛出“异常”的代价要比实际的类型转换高出几个数量级。

在本书附带的 CastingPerf 示例项目中，对几种不同的类型转换进行了评测。在我的计算机上，测试的结果如下。

```
JIT (ignore): 1.00x
No cast: 1.00x
Up cast (1 gen): 1.00x
Up cast (2 gens): 1.00x
Up cast (3 gens): 1.00x
Down cast (1 gen): 1.25x
Down cast (2 gens): 1.37x
Down cast (3 gens): 1.37x
Interface: 2.73x
Invalid Cast: 14934.51x
```

```
as (success): 1.01x
as (failure): 2.60x
is (success): 2.00x
is (failure): 1.98x
```

“is”操作符会对类型转换进行测试，并返回布尔值。“as”操作符与标准的类型转换类似，但会在失败时返回 null。由上可知，抛出“异常”的代价十分高昂。

千万不要采用以下模式，因为会执行两次类型转换。

```
if (a is Foo)
{
  Foo f = (Foo)a;
}
```

而应该使用“as”进行一次转换并暂存结果，然后对结果值进行检测即可。

```
Foo f = a as Foo;
if (f != null)
{
  ...
}
```

如果要检测多个类型，那就先把最常用的类型放在前面检测。

> **注意**
>
> 使用 MemoryStream.Leng 时，我经常碰到令人生厌的类型转换，因为它是 long 型的。大部分用到这个属性的 API 都要同时用到指向底层缓冲区的引用（从 MemoryStream.GetBuffer 方法获取的）、偏移和长度（这个长度常常是 int 型的），因此就必须从 long 降级转换为 int。这种强制类型转换可能很常见，而且也难以避免。

5.8　P/Invoke

从托管代码中调用本机方法时，会用到 P/Invoke，涉及一些固定开销和封送（Marshalling）参数的开销。封送过程其实就是类型转换的过程。

在第 1 章的 MeasureIt 例程中，你可以看到对 P/Invoke 和托管代码调用开销的简单对比。在我的机器上，P/Invoke 的执行时间是空静态方法的 6～10 倍。如果有功能相同的托管代码可用，那么就不应该在紧凑循环[①]（Tight Loop）中调用 P/Invoke 方法，你肯定愿意避免本机代码和托管代码的频繁切换。不过单次 P/Invoke 调用的开销，还没有高到严禁使用的地步。

---

① Tight Loop，紧凑循环，指的是次数较多、每次迭代的工作较少的循环，可参阅 https://en.wikipedia. org/wiki/Wiktionary 和 https://msdn.microsoft.com/en-us/library/ky8kkddw (v=vs.110).aspx。

你可以采用以下一些做法来尽量减少 P/Invoke 操作的开销。

1．首先避免实现数量过多（Chatty）的接口。让每次调用都能处理尽可能多的数据，这样处理数据的时间就能明显多于 P/Invoke 调用的固定开销。
2．尽可能使用 Blittable 型数据。请回忆一下，“结构”、大部分数值型和指针都是 Blittable 类型，在托管代码和本机代码中都保持相同的二进制数值。在作为参数传递时，这些类型的数据传递效率是最高的，因为在封送处理时只要进行简单的内存复制即可。
3．避免调用 ANSI 版本的 Windows API。比如 CreateProcess 函数实际上是一个宏，会被解析为两个函数之一，对于 ANSI 字符串会变成 CreateProcessA，而对 Unicode 字符串则是 CreateProcessW，最终执行的版本取决于本机代码编译器的设置。因为.NET 字符串全都是 Unicode 编码的，所以你一定得要调用 Unicode 版本的 API 才行。如果没有正确匹配，就会导致开销较高的转换，还有可能会丢失数据。
4．避免无谓的对象固定（Pin）。基元类型永远不会被固定，而字符串和基元类型的数组则会被系统的封送过程自动固定。如果你确实还需要固定其他对象，那就尽可能缩短固定的持续时间。关于对象固定对垃圾回收的负面影响，请参阅第 2 章。你将不得不进行一些权衡，到底是缩短对象的固定时间，还是避免创建过多的接口（第 1 点建议）。任何情况下，都应该让本机代码能够尽快返回。
5．如果你需要向本机代码传递大量数据，请考虑把内存缓冲区固定，然后让本机代码直接操作缓冲区。只要处理速度够快，可能比进行大量复制更为高效。如果你能确保让缓冲区位于第 2 代内存堆或 LOH 中，那么固定不会有什么大问题，因为 GC 不大会有移动缓冲区的必要。

最后，你还可以通过 P/Invoke 方法声明来禁用某些安全检查，以求降低少许开销。

```
[DllImport("kernel32.dll", SetLastError=true)]
[System.Security.SuppressUnmanagedCodeSecurity]
static extern bool GetThreadTimes(IntPtr hThread, out long lpCreationTime,
out long lpExitTime, out long lpKernelTime, out long lpUserTime);
```

上述属性声明此方法可以完全信任。由于禁用了.NET 的很多安全检查模型，你会收到一些代码分析警告（FxCop）。只要你的应用程序代码都是可信的，对输入数据做了过滤，禁止公共 API 调用 P/Invoke 方法，那么上述声明就可以换来一定的性能提升。表 5-1 是 MeasureIt 例程的输出。

表 5-1 MeasureIt 例程的输出

名　称	平均值
PInvoke: 10 FullTrustCall() (10 call average) [count=1000 scale=10.0]	6.945
PInvoke: PartialTrustCall() (10 call average) [count=1000 scale=10.0]	17.778

在完全信任模式下，方法的运行速度大约快了 2.5 倍。

5.9　委托

使用委托会牵涉两类开销：构造开销（Construction）和调用开销（Invocation）。幸好在绝大多数情况下，调用开销和普通的方法调用差不多。但委托是一种对象，构造开销可能相当大。你应该只做一次构造，并把对象缓存起来。假定存在以下代码：

```
private delegate int MathOp(int x, int y);
private static int Add(int x, int y) { return x + y; }
private static int DoOperation(MathOp op, int x, int y) { return op(x, y);}
```

以下哪个循环的速度更快呢？

第 1 种：

```
for (int i = 0; i < 10; i++)
{
  DoOperation(Add, 1, 2);
}
```

第 2 种：

```
MathOp op = Add;
for (int i = 0; i < 10; i++)
{
 DoOperation(op, 1, 2);
}
```

看起来第 2 种代码只是把 Add 方法用局部变量赋了个别名，但这里实际上牵涉内存分配的方式。查看一下相应的 IL 代码你就会明白。第 1 种循环的代码如下。

```
// 循环开始 (head: IL_0020)
IL_0004: ldnull
IL_0005: ldftn int32 DelegateConstruction.Program::Add(int32, int32)
IL_000b: newobj instance void
DelegateConstruction.Program/MathOp::.ctor(object, native int)
IL_0010: ldc.i4.1
IL_0011: ldc.i4.2
IL_0012: call int32 DelegateConstruction.Program::
             DoOperation(class DelegateConstruction.Program/MathOp,
               int32, int32)
...
```

虽然第 2 种代码同样也进行了内存分配，却是在循环体外完成的。

```
L_0025: ldnull
IL_0026: ldftn int32 DelegateConstruction.Program::Add(int32, int32)
IL_002c: newobj instance void
DelegateConstruction.Program/MathOp::.ctor(object, native int)
...
//循环开始(head: IL_0047)
IL_0036: ldloc.1
IL_0037: ldc.i4.1
IL_0038: ldc.i4.2
IL_0039: call int32 DelegateConstruction.Program::DoOperation(class
DelegateConstruction.Program/MathOp, int32, int32)
...
```

上述例程位于 DelegateConstruction 示例项目中。

5.10 异常

在.NET 中，把代码放入 try 语句块中的代价是比较低的。但抛出“异常”（Exception）的开销却十分高昂，很大一部分原因是由于.NET 的“异常”对象包含了十分丰富的信息。“异常”必须是为真正的异常情况服务的，那时候性能已经不再重要了。

从 ExceptionCost 示例项目，你就能明白抛出“异常”能给性能带来毁灭性的打击。程序输出结果应该如下所示。

```
Empty Method: 1x
Exception (depth = 1): 8525.1x
Exception (depth = 2): 8889.1x
Exception (depth = 3): 8953.2x
Exception (depth = 4): 9261.9x
Exception (depth = 5): 11025.2x
Exception (depth = 6): 12732.8x
Exception (depth = 7): 10853.4x
Exception (depth = 8): 10337.8x
Exception (depth = 9): 11216.2x
Exception (depth = 10): 10983.8x
Exception (catchlist, depth = 1): 9021.9x
Exception (catchlist, depth = 2): 9475.9x
Exception (catchlist, depth = 3): 9406.7x
Exception (catchlist, depth = 4): 9680.5x
Exception (catchlist, depth = 5): 9884.9x
Exception (catchlist, depth = 6): 10114.6x
Exception (catchlist, depth = 7): 10530.2x
Exception (catchlist, depth = 8): 10557.0x
```

```
Exception (catchlist, depth = 9): 11444.0x
Exception (catchlist, depth = 10): 11256.9x
```

上述结果给出了 3 个简单的事实：

1．抛出“异常”的方法比空方法慢了数千倍。

2．“异常”的抛出层数越深，速度就越慢（只是已经这么慢了，也没所谓了）。

3．与只用 1 个 catch 语句相比，多个 catch 语句的影响比较轻微，但还是很明显。

另一方面，catch 的开销可能是不大，但如果要访问 Exception 对象的 StackTrace 属性，开销可能会非常高。因为需要由“异常”指针重建调用栈，并转译成可读文本。如果程序的性能要求较高，你也许应该把“异常”调用栈的日志记录功能做成可配置项，仅在必要时才启用。

再次重申，“异常”应该仅用于真正的异常情况。如果把“异常”当作正常处理流程来使用，就会让程序毫无性能可言。

5.11　dynamic

也许对动态执行应该跳过不谈，但还是需要清晰地表述一下：凡是用到了 dynamic 关键字或者动态语言运行时（Dynamic Language Runtime，DLR）的代码，都无法进行深度优化。性能调优往往需要把逻辑抽象层层剥离，但是 DLR 就像套了一个巨大的抽象层。当然动态执行有其用武之地，但追求速度的系统不会使用这个特性。

dynamic 用起来看似简单，但其实绝非如此。下面看一个明显是故意设计的例子。

```
static void Main(string[] args)
{
  int a = 13;
  int b = 14;

  int c = a + b;

  Console.WriteLine(c);
}
```

上述代码的 IL 代码同样也很简单：

```
.method private hidebysig static
  void Main (
    string[] args
  ) cil managed
{
  // 方法从 RVA 0x2050 开始
```

```
  // 代码大小 17 (0x11)
  .maxstack 2
  .entrypoint
  .locals init (
    [0] int32 a,
    [1] int32 b,
    [2] int32 c
  )

  IL_0000: ldc.i4.s 13
  IL_0002: stloc.0
  IL_0003: ldc.i4.s 14
  IL_0005: stloc.1
  IL_0006: ldloc.0
  IL_0007: ldloc.1
  IL_0008: add
  IL_0009: stloc.2
  IL_000a: ldloc.2
  IL_000b: call void [mscorlib]System.Console::WriteLine(int32)
  IL_0010: ret
} // Program::Main 方法结束
```

下面我们让 int 变成 dynamic。

```
static void Main(string[] args)
{
  dynamic a = 13;
  dynamic b = 14;

  dynamic c = a + b;

  Console.WriteLine(c);
}
```

由于篇幅有限，我不打算列出 IL 代码，但转换回 C#的代码大致如下。

```
private static void Main(string[] args)
{
  object a = 13;
  object b = 14;
  if (Program.<Main>o__SiteContainer0.<>p__Site1 == null)
  {
    Program.<Main>o__SiteContainer0.<>p__Site1 =
      CallSite<Func<CallSite, object, object, object>>.
      Create(Binder.BinaryOperation(CSharpBinderFlags.None,
```

```
                      ExpressionType.Add,
                      typeof(Program),
                      new CSharpArgumentInfo[]
      {
        CSharpArgumentInfo.Create(CSharpArgumentInfoFlags.None, null),
        CSharpArgumentInfo.Create(CSharpArgumentInfoFlags.None, null)
      }));
    }
    object c = Program.<Main>o__SiteContainer0.
      <>p__Site1.Target(Program.<Main>o__SiteContainer0.<>p__Site1, a, b);
    if (Program.<Main>o__SiteContainer0.<>p__Site2 == null)
    {
      Program.<Main>o__SiteContainer0.<>p__Site2 =
        CallSite<Action<CallSite, Type, object>>.
        Create(Binder.InvokeMember(CSharpBinderFlags.ResultDiscarded,
                      "WriteLine",
                      null,
                      typeof(Program),
                      new CSharpArgumentInfo[]
      {
        CSharpArgumentInfo.Create(
          CSharpArgumentInfoFlags.UseCompileTimeType |
          CSharpArgumentInfoFlags.IsStaticType,
          null),
        CSharpArgumentInfo.Create(CSharpArgumentInfoFlags.None, null)
      }));
    }
    Program.<Main>o__SiteContainer0.<>p__Site2.Target(
      Program.<Main>o__SiteContainer0.<>p__Site2, typeof(Console), c);
  }
```

即便是对 WriteLine 的调用也变得不那么简单了。由此可知，原本十分简单的代码变成了一堆由内存分配、委托、动态方法调用拼成的大杂烩，这些对象被称为 CallSite。

JIT 编译的统计数据是可想而知的，请看表 5-2。

表 5-2　　JIT 编译的统计数据

版　本	JIT 编译时间（ms）	IL 代码大小	本机代码大小
int	0.5	17 个字节	25 个字节
dynamic	10.9	209 个字节	389 个字节

我并不想太过贬低 DLR。对于快速开发和脚本编写而言，DLR 是一个十分优秀的框架，大大增加了动态语言和.NET 连接的可能性。如果你对 DLR 的功能感兴趣，则请参阅 http://www.writinghighperf.net/go/24 获取大致的了解。

5.12 自行生成代码

如果你发现自己用到了动态加载类型（比如扩展或插件模式），那就需要对使用过程进行仔细的性能评估。理想情况下，你可以通过某个公共接口来使用这些动态加载类型，以避免动态加载代码的大部分问题。在第 6 章讨论反射时，会介绍公共接口的做法，做不到的话就使用本节介绍的做法来解决动态加载代码的性能问题。

.NET Framework 通过 Activator.CreateInstance 方法为动态类型的内存分配提供支持，并通过 MethodInfo.Invoke 支持动态方法的调用。以下是调用这些方法的代码示例。

```
Assembly assembly = Assembly.Load("Extension.dll");
Type type = assembly.GetType("DynamicLoadExtension.Extension");
object instance = Activator.CreateInstance(type);

MethodInfo methodInfo = type.GetMethod("DoWork");
bool result = (bool)methodInfo.Invoke(instance, new object[] { argument });
```

如果只是偶尔为之，那么不会有什么大的性能问题。但如果需要分配大量的动态加载对象，或者要进行很多的动态调用，上述方法就可能会成为严重的性能瓶颈。Activator.CreateInstance 不仅 CPU 占用率很高，而且会导致不必要的内存分配，对垃圾回收器造成额外的压力。如果在参数或返回值中用到了值类型，还会发生隐含的装箱操作（如上所示）。

如果可能的话，请像第 6 章中介绍的那样，尝试将上述调用隐藏起来，封装到扩展插件和调用程序共同约定的接口中去。如果做不到的话，那么自行生成代码（Code Generation）也许是合适的选择。

好在自行生成代码完成相同的功能，还是相当容易的。如果要确定哪些代码是需要生成的，请使用模板来模拟生成一下 IL 即可。比如可以参阅一下 DynamicLoadExtension 和 DynamicLoadExecutor 示例项目。DynamicLoadExecutor 会动态加载插件并执行 DoWork 方法，它通过 Visual Studio 的“后期生成事件”确保 DynamicLoadExtension.dll 放置在正确的目录下，并通过“解决方案项目依赖项”的设置（而非项目依赖项）确保代码的动态加载和执行。

让我们开始新建一个插件对象。为了创建模板你首先得理解工作任务是什么，还需要一个不带参数的方法用于返回类的实例。你的程序并不知道 Extension 的类型，因此只是作为一个 object 对象返回。方法应如下所示。

```
object CreateNewExtensionTemplate()
{
  return new DynamicLoadExtension.Extension();
```

```
}
```

对应的 IL 代码应该如下：

```
IL_0000: newobj instance void
        [DynamicLoadExtension]DynamicLoadExtension.Extension::.ctor()
IL_0005: ret
```

有了上述知识储备，你就可以创建一个 System.Reflection.Emit.DynamicMethod 并添加一些 IL 指令，并赋给一个委托变量，以便用来生成新的 Extension 对象。

```
private static T GenerateNewObjDelegate<T>(Type type)
  where T:class
{
  // 新建无参的动态方法
  // 通过 (Type.EmptyTypes) 定义
  var dynamicMethod = new DynamicMethod("Ctor_" + type.FullName, type,
Type.EmptyTypes, true);
  var ilGenerator = dynamicMethod.GetILGenerator();

  // 查找新建类的构造方法信息
  var ctorInfo = type.GetConstructor(Type.EmptyTypes);
  if (ctorInfo != null)
  {
    ilGenerator.Emit(OpCodes.Newobj, ctorInfo);
    ilGenerator.Emit(OpCodes.Ret);

    object del = dynamicMethod.CreateDelegate(typeof(T));
    return (T)del;
  }
  return null;
}
```

你会发现最终生成的 IL 代码与我们的模板方法完全一致。
使用时需要先加载插件程序集，获取相应的类并传给生成器方法。

```
Type type = assembly.GetType("DynamicLoadExtension.Extension");
Func<object> creationDel = GenerateNewObjDelegate<Func<object>>(type);
object extensionObj = creationDel();
```

只要委托对象构造完毕，你就可以缓存起来以供再次使用（也许可交由 Type 对象维持引用，或者任何适用于你程序的数据结构）。

你可以按照完全相同的方式生成对 DoWork 的调用，只是在类型转换和方法参数上会更麻烦一点。IL 是基于堆栈的语言，因此在调用方法之前，参数必须以正确的顺序入栈。方法的第 1 个参数必须是隐含的 this 参数，指向对象本身。请注意，正是因为 IL 只能使用堆栈式调用，你才不用去管 JIT 编译器是如何把调用传给程序集的，通常会用处理器的寄存器来存放方法的参数。

创建完对象后，首先新建一个模板方法，以供 IL 使用。因为我们必须带 1 个 object 参数来调用这个方法（调用者只有 object 类型），方法参数只能把插件定义成 object。也就是说在调用 DoWork 之前，我们必须把这个 object 转换为正确的类型。在模板方法中，我们有硬编码（Hard-coded）的类型信息，而在生成器中我们可以用代码获取类型信息。

```
static bool CallMethodTemplate(object extensionObj, string argument)
{
  var extension = (DynamicLoadExtension.Extension)extensionObj;
  return extension.DoWork(argument);
}
```

上述模板方法的 IL 代码如下所示。

```
.locals init (
  [0] class [DynamicLoadExtension]DynamicLoadExtension.Extension extension
)

IL_0000: ldarg.0
IL_0001: castclass [DynamicLoadExtension]DynamicLoadExtension.Extension
IL_0006: stloc.0
IL_0007: ldloc.0
IL_0008: ldarg.1
IL_0009: callvirt instance bool
[DynamicLoadExtension]DynamicLoadExtension.Extension::DoWork(string)
IL_000e: ret
```

请注意，这里声明了 1 个局部变量，用于保存类型转换后的结果，后面我们会看到这个局部变量可以被优化掉。上述 IL 代码会直接转译为 DynamicMethod。

```
private static T GenerateMethodCallDelegate<T>(
  MethodInfo methodInfo,
  Type extensionType,
  Type returnType,
  Type[] parameterTypes) where T : class
{
  var dynamicMethod = new DynamicMethod("Invoke_" + methodInfo.Name,
                returnType, parameterTypes, true);
  var ilGenerator = dynamicMethod.GetILGenerator();

  ilGenerator.DeclareLocal(extensionType);
```

```
    // 对象的 this 参数
    ilGenerator.Emit(OpCodes.Ldarg_0);
    // 转换为正确的类型
    ilGenerator.Emit(OpCodes.Castclass, extensionType);
    // 实际的方法参数
    ilGenerator.Emit(OpCodes.Stloc_0);
    ilGenerator.Emit(OpCodes.Ldloc_0);
    ilGenerator.Emit(OpCodes.Ldarg_1);
    ilGenerator.EmitCall(OpCodes.Callvirt, methodInfo, null);
    ilGenerator.Emit(OpCodes.Ret);

    object del = dynamicMethod.CreateDelegate(typeof(T));
    return (T)del;
}
```

为了生成动态方法，我们需要用到 MethodInfo 查找插件程序集中的 Type 对象。还需要返回对象的 Type（returnType）和所有参数的 Type（parameterTypes），包括隐含的 this 参数（与 extensionType 相同）。

上述方法运行一切顺利，但是你得仔细观察一下它的运行过程，请不要忘了 IL 指令基于堆栈（Stack-based）运行的特性，以下是该方法的执行流程。

1．声明局部变量。
2．将 arg0（this 指针）压入堆栈（LdArg_0 指令）。
3．将 arg0 转换为右侧的类型并把结果压入堆栈。
4．弹出栈顶数据并保存在局部变量中（Stloc_0 指令）。
5．将局部变量压入堆栈（Ldloc_0 指令）。
6．将 arg1（字符串参数）压入堆栈。
7．调用 DoWork 方法（Callvirt 指令）。
8．返回。

这里有些声明是多余的，特别是局部变量。我们把堆栈中经过类型转换的对象弹出，然后马上又压回了堆栈。只要把有关局部变量的所有操作都移除，就可以对上述 IL 进行优化了。JIT 编译器有可能会为我们完成这种优化，但自行进行优化是有益无害的。如果我们有成百上千个动态方法，那累积的优化效果就会很明显，因为它们都需要经过 JIT 编译。

还有一个可以优化的地方就是，可以把 Callvirt 指令替换为更简单的 Call 指令，因为我们已经知道了这里没有虚方法调用，这样我们的 IL 代码应该如下所示。

```
var ilGenerator = dynamicMethod.GetILGenerator();

// 对象的 this 参数
ilGenerator.Emit(OpCodes.Ldarg_0);
// 转换为正确的类型
```

```
ilGenerator.Emit(OpCodes.Castclass, extensionType);
// 实际的参数
ilGenerator.Emit(OpCodes.Ldarg_1);
ilGenerator.EmitCall(OpCodes.Call, methodInfo, null);
ilGenerator.Emit(OpCodes.Ret);
```

使用这个委托时，只要按如下方式调用即可。

```
Func<object, string, bool> doWorkDel =
  GenerateMethodCallDelegate<
    Func<object, string, bool>>(
    methodInfo, type, typeof(bool),
    new Type[]
     { typeof(object), typeof(string) });

bool result = doWorkDel(extension, argument);
```

那么我们生成的代码性能如何呢？以下是一次评测结果。

```
==创建实例==
Direct ctor: 1.0x
Activator.CreateInstance: 14.6x
Codegen: 3.0x

==调用方法==
Direct method: 1.0x
MethodInfo.Invoke: 17.5x
Codegen: 1.3x
```

以直接调用方法为性能基准，我们可以看到反射方法性能下降很多。我们自行生成的代码速度还是比不过直接调用，但已经很接近了。这些性能数据只计算了 1 个没有执行什么实际任务的方法，因此全部都是方法调用的开销，算不上很符合实际。如果我在方法里加入少量任务（字符串解析和平方根计算），那么性能数据会稍有变化。

```
==创建实例==
Direct ctor: 1.0x
Activator.CreateInstance: 9.3x
Codegen: 2.0x

==调用方法==
Direct method: 1.0x
MethodInfo.Invoke: 3.0x
Codegen: 1.0x
```

总之，如果你需要用到 Activator.CreateInstance 或 MethodInfo.Invoke，那么通过代码

生成能够获得明显的性能改善。

> **故事**
>
> 我曾经在一个项目中采用这种技术，让调用动态加载代码的 CPU 负载从超过 10%下降到约 0.1%。

你还可以让代码生成技术派其他用场。如果应用程序需要进行大量的字符串解析，或者实现了某种状态机，那代码生成技术也许是个合适的选择。.NET 本身在处理正则表达式（参阅第 6 章）和 XML 序列化时都用到了代码生成技术。

5.13 预处理

如果应用程序有部分功能对性能有绝对的要求，那就得确保不要同时运行无关任务，或者不要把时间耗在能提前完成的工作上。如果数据需要在使用之前就传输完毕，那就务必尽量提前完成传输工作，可能的话甚至可以离线处理[①]（Offline Process）。

换句话说，只要情况允许就必须预处理（Preprocess）。判断哪些任务可以转到离线处理的，是需要开动脑筋、不拘一格，但往往值得一试。从性能角度来说，把代码移除当然是一种 100%的优化。

5.14 评估

本章的每个主题需要的性能评估方式各不相同，请充分运用前几章学到的工具。CPU profile 将能用于展示 Equals 方法、循环迭代、与本机代码交互时的封送性能等效率低下的情况。

内存跟踪分析将能显示出对象分配时的装箱操作，而常用.NET 事件的跟踪分析则能显示出“异常”抛出、捕获、处理的位置。

5.14.1 ETW 事件

ExceptionThrown——表明有 1 个“异常”已被抛出，与是否得到处理无关。数据字段包括以下几个。

- Exception Type——“异常”的类型。
- Exception Message——“异常”对象的 Message 属性。

① Offline 暂时直译为“离线”，但在本书中更多表达的是“事后”“单独”“脱机”“后台”的意思，比较确切的译法可以是“单独”。

- EIPCodeThrow——“异常”抛出点的指令指针。
- ExceptionHR——“异常”对象的 HRESULT。
- ExceptionFlags
    - 0x01——包含内部“异常”。
    - 0x02——嵌套“异常”。
    - 0x04——重新抛出的“异常”。
    - 0x08——崩溃状态的“异常”(Corrupted State Exception)。
    - 0x10——符合公共语言规范（CLS）规范的“异常”。

5.14.2 查找装箱指令

装箱指令是一种名为 box 的特殊 IL 指令，因此在代码中查找起来相当的简单。如果是在某个方法或类中查找，只要用一种 IL 反编译工具（我用的是 ILSpy），选择 IL 视图即可。

如果要在整个程序集中查找装箱操作，那么用 ILDASM 会更方便些，因为它的命令行方式用起来十分灵活。

ILDASM.exe 包含在 Windows SDK 包中。在我机器上是位于 C:\Program Files (x86)\Microsoft SDKs\Windows\v8.0A\bin\NETFX 4.0 Tools\ 文件夹下。你从 http://www.writinghighperf.net/go/26 可以下载到 Windows SDK。

```
ildasm.exe /out=output.txt Boxing.exe
```

让我们来看看 Boxing 示例项目，演示了几种不同的装箱情形。如果对 Boxing.exe 运行 ILDASM，则输出的结果大致如下。

```
.method private hidebysig static void  Main(string[] args) cil managed
{
.entrypoint
// Code size     98 (0x62)
.maxstack  3
.locals init ([0] int32 val,
     [1] object boxedVal,
     [2] valuetype Boxing.Program/Foo foo,
     [3] class Boxing.Program/INameable nameable,
     [4] int32 result,
     [5] valuetype Boxing.Program/Foo '<>g__initLocal0')
IL_0000:  ldc.i4.s   13
IL_0002:  stloc.0
IL_0003:  ldloc.0
IL_0004:  box    [mscorlib]System.Int32
IL_0009:  stloc.1
```

```
IL_000a:  ldc.i4.s   14
IL_000c:  stloc.0
IL_000d:  ldstr    "val: {0}, boxedVal:{1}"
IL_0012:  ldloc.0
IL_0013:  box    [mscorlib]System.Int32
IL_0018:  ldloc.1
IL_0019:  call     string [mscorlib]System.String::Format(string,
                       object,
                       object)
IL_001e:  pop
IL_001f:  ldstr    "Number of processes on machine: {0}"
IL_0024:  call     class [System]System.Diagnostics.Process[]
[System]System.Diagnostics.Process::GetProcesses()
IL_0029:  ldlen
IL_002a:  conv.i4
IL_002b:  box    [mscorlib]System.Int32
IL_0030:  call     string [mscorlib]System.String::Format(string,
                       object)
IL_0035:  pop
IL_0036:  ldloca.s   '<>g__initLocal0'
IL_0038:  initobj  Boxing.Program/Foo
IL_003e:  ldloca.s   '<>g__initLocal0'
IL_0040:  ldstr    "Bar"
IL_0045:  call     instance void Boxing.Program/Foo::set_Name(string)
IL_004a:  ldloc.s  '<>g__initLocal0'
IL_004c:  stloc.2
IL_004d:  ldloc.2
IL_004e:  box    Boxing.Program/Foo
IL_0053:  stloc.3
IL_0054:  ldloc.3
IL_0055:  call     void Boxing.Program::UseItem(class
Boxing.Program/INameable)
IL_005a:  ldloca.s   result
IL_005c:  call     void Boxing.Program::GetIntByRef(int32&)
IL_0061:  ret
} // Program::Main 方法结束
```

你还可以用 PerfView 来间接查找装箱操作。通过 CPU 跟踪分析，你可以找到过多的 JIT_new 调用，如图 5-1 所示。

因为值类型和基元类型不应该需要分配内存，所以查看内存分配分析结果会更容易发现装箱操作，如图 5-2 所示。

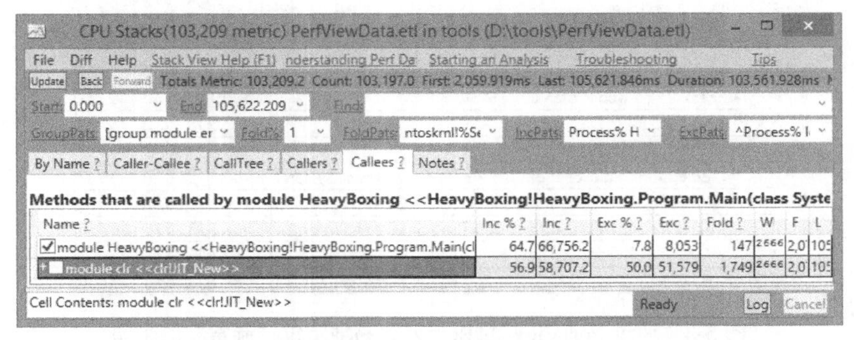

图 5-1 装箱操作会显示在 CPU 分析的 JIT_New 方法之下，JIT_New 是标准的内存分配方法

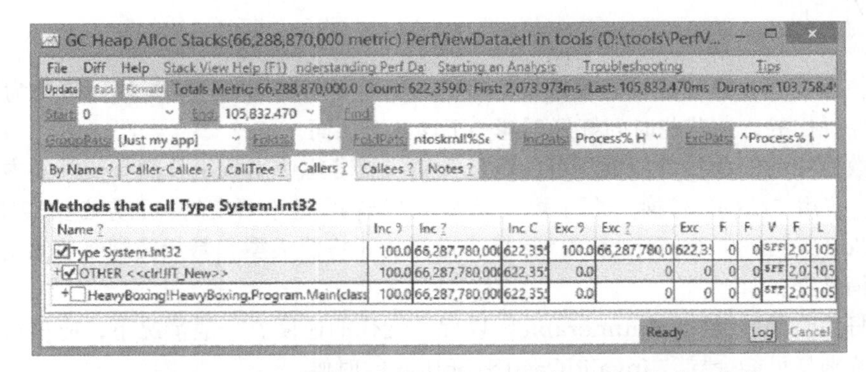

图 5-2 你能在跟踪结果中发现有 Int32 通过 new 方法分配内存，貌似不大对劲

5.14.3 第一时间发现“异常”

用 PerfView 很容易就能发现有“异常”抛出，不管有没有被捕获。

1. 在 PerfView 中，先收集.NET 事件。采用默认设置就可以，但不用进行 CPU 分析，所以如果要进行好几分钟的分析就可以不勾选“CPU”选项。
2. 数据收集完毕后，双击“Exception Stacks”节点。
3. 选择需要查看的进程。
4. 在 Name 页中将会列出所有最顶层的“异常”。在“CallTree”页中则会显示当前选中“异常”的调用栈，如图 5-3 所示。

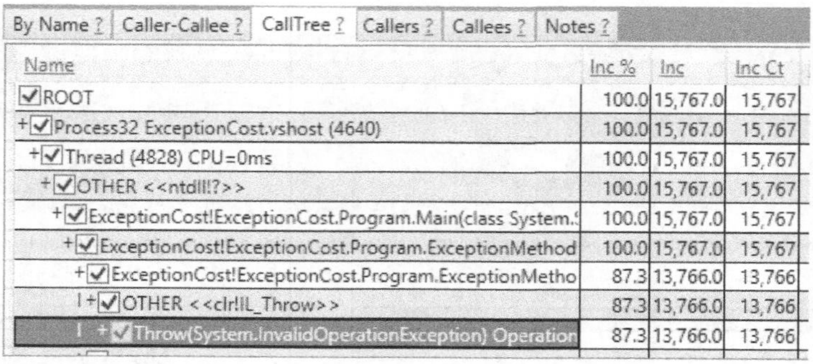

By Name ? | Caller-Callee ? | CallTree ? | Callers ? | Callees ? | Notes ?

Name	Inc %	Inc	Inc Ct
ROOT	100.0	15,767.0	15,767
+ Process32 ExceptionCost.vshost (4640)	100.0	15,767.0	15,767
+ Thread (4828) CPU=0ms	100.0	15,767.0	15,767
+ OTHER <<ntdll!?>>	100.0	15,767.0	15,767
+ ExceptionCost!ExceptionCost.Program.Main(class System.!	100.0	15,767.0	15,767
+ ExceptionCost!ExceptionCost.Program.ExceptionMethod	100.0	15,767.0	15,767
+ ExceptionCost!ExceptionCost.Program.ExceptionMetho	87.3	13,766.0	13,766
+ OTHER <<clr!IL_Throw>>	87.3	13,766.0	13,766
+ Throw(System.InvalidOperationException) Operation	87.3	13,766.0	13,766

图 5-3　通过 PerfView 可以十分容易地定位“异常”的来源

5.15　小结

请记住深度优化会与代码的抽象发生冲突。你需要明白你的代码是如何转换为 IL、汇编代码和硬件操作的，请花些时间好好理解一下这几个层面。

如果数据相对短小且希望能尽可能降低开销，或者想使用数组且拥有较好的内存就近访问可能性，请用“结构”替换“类”。可以考虑让“结构”是不可变的，且务必要实现 Equals、GetHashCode 方法和 IEquatable<T>接口。通过防止将值类型和基元类型赋值给对象引用，避免其装箱操作。

请勿将集合类转换为 IEnumerable，以保证迭代的速度。一般情况下，应尽可能避免类型转换，特别是可能会导致 InvalidCastException 的时候。

请尽可能在每次 P/Invoke 时多传送一些数据，以便尽量减少调用的次数。并且要尽可能缩短内存固定的持续时间。

如果你需要频繁使用 Activator.CreateInstance 或 MethodInfo.Invoke，请考虑采用代码生成技术。

第 6 章　使用.NET Framework

上一章介绍了常见的.NET 编码技术和教训，特别是一些与语言特性相关的内容。在本章中，我们会讨论一些使用.NET 系统库时必须考虑的问题。我不可能对.NET Framework 的各个子系统和类都面面俱到，本章的目标是把研究性能问题所需的工具都提供给你，让你知道哪些常见的错误模式是你应该能避免的。

.NET Framework 的目标是为最广大的受众服务（真的是世界各地的开发人员），也就是说它是一个通用的框架，提供稳定、正确、高容错性（Robust）的代码，能够应付众多的应用场景。由此它并不单纯注重性能，你会发现在自己的代码中，需要对内层代码进行很多的优化工作。

如果要避开.NET Framework 的性能缺陷，你可能需要采用一些技巧。下面给出了一些可能使用到的技术：

- 换用开销较低的其他 API。
- 重新设计应用程序，避免惯用的 API 调用。
- 以性能更好的方式自己重新实现某些 API。
- 与本机 API 交互完成同样的任务（假定封送数据的开销较低）。

6.1　全面了解所用 API

本章的指导原则就是：

你必须理解每个 API 背后的代码执行情况。

只有对所有关键流程的执行情况都已明了，你才能说掌控了代码的性能。绝不能在内层循环中用到了一个代码不公开的第三方库，不然你就丧失了控制权。

你并不一定能拿到所有方法的源代码（但你真的可以在汇编代码级别看到它们），但所有 Windows API 的文档通常都很完善。在.NET 环境下，你可以通过多种 IL 查看工具观察 Framework 的运行情况。这种宽松的查看方式并不会针对 CLR 本身，因为 CLR 大部分都是用本机代码编写的。

请养成这样一种习惯：只要有不熟悉的地方就去查看 Framework 的源代码。性能问题对你来说越重要，你就越需要对不属于你的 API 代码提出质疑。请记住，你对速度的要求越高，就越应该挑剔。

本章接下来将会讨论一些需要你关注的常见问题，以及某些适用于所有程序的通用类。

6.2　多个 API 殊途同归

有时候你会碰到多个 API 有同一种用途的情况，你得从中做出选择。XML 解析就是个很好的例子，在.NET 中至少有 9 种不同的途径可以用于解析 XML。

- XmlTextReader。
- XmlValidatingReader。
- XDocument。
- XmlDocument。
- XPathNavigator。
- XPathDocument。
- LINQ-to-XML。
- DataContractSerializer。
- XmlSerializer。

选用的依据有易用性、生产率、对需求的适应性及性能。XmlTextReader 速度很快，但只能向前读取，并且不带校验功能。XmlDocument 用起来很方便，因为完全采用对象模型加载数据，但却是速度最慢的选择之一。

与 XML 解析一样，在对其他 API 做选择时也是如此，每种 API 的性能各不相同。有些 API 速度较快，但内存占用量会较高。而有些 API 占用的内存很少，但却不能完成某些功能。你不得不先确定有哪方面的需求，再对性能进行评估，最终选择一种功能和性能比较平衡的 API。你应该为每种 API 编写原型程序，然后用样本数据进行运行分析。

6.3　集合类

.NET 有超过 21 种内置的集合类型，包括很多常用数据结构的并行访问和泛型版本。大部分程序只需要组合使用这些类就能满足需求，你应该很少会需要创建自己的集合类。

.NET Framework 中有些集合类只是为了保持向后兼容性，在新的代码中绝不应该再去使用了。具体包括以下几个。

- ArrayList。
- Hashtable。
- Queue。
- SortedList。
- Stack。
- ListDictionary。
- HybridDictionary。

避免使用上述集合类的原因，就是因为会发生类型转换和装箱操作。上述集合类保存的都是对 Object 实例的引用，因此你总是得转换为实际的对象类型。

装箱则是更为严重的问题。假设你有一个 Int32 类型的 ArrayList，每个成员都会单独装箱并保存在内存堆中。为了访问所有 Int32 成员，并不是像对连续存放的内存数组那样遍历，而是需要对每个引用都进行一次指针间接引用，再访问内存堆（丧失了就近访问可能性），再进行一次拆箱操作获取内部的数据值。这太可怕了，请换用普通的定长数组或者泛型集合类吧。

因为有了功能强大的泛型，有些提供字符串功能的集合类曾经在早期.NET 版本中出现过，但现在已经过时了。比如 NameValueCollection、OrderedDictionary、StringCollection 和 StringDictionary，这些类本身不存在性能问题，但已经没有使用的必要了，除非你使用的 API 需要用到他们。

最简单的集合类，并且好像是最常用的，就是“卑微”的 Array。因为 Array 很紧凑，只用到了一块连续存放的内存，所以 Array 非常完美，在需要访问多个成员时，能够由处理器缓存的就近访问能力提高性能。Array 的访问时间是个常数，复制速度也很快。只是在改变大小时，需要新分配一个数组并把成员复制到新的数组对象中去。很多更为复杂的数据结构就是基于 Array 构建的。

选用哪一种集合类取决于很多因素，包括 API 的语义（push/pop、enqueue/dequeue、Add/Remove 等）、底层存储机制及缓存的就近访问可能性、Add 和 Remove 等成员操作的速度、同步访问需求。所有因素都会对程序的性能产生巨大的影响。

6.3.1 泛型集合类

泛型集合类包括以下几个。

- Dictionary<TKey, TValue>。
- HashSet<T>。
- LinkedList<T>。
- List<T>。
- Queue<T>。
- SortedDictionary<TKey, TValue>。
- SortedList<TKey, TValue>。
- SortedSet<T>。
- Stack<T>。

所有对应的非泛型版本都已过时了，请务必优先选择泛型版本的集合类。这些类不会导致装箱操作，不会引入类型转换的开销，大部分情况下内存就近访问可能性都会提升（特别是采用数组实现的 List 类数据结构）。

当然，这些泛型集合类之间也存在巨大的性能差异。比如 Dictionary、SortedDictionary 和 SortedList 都用于保存键/值对，但插入和检索性能就存在很大差异。

- Dictionary 实现为一个哈希表，插入和读取操作的时间复杂度为 O(1)。如果你不熟悉时间复杂度，请参阅附录 B 关于大 O 表示法的介绍。
- SortedDictionary 实现为二叉树（Binary Search Tree），插入和读取操作的时间复杂度为 O(log n)。
- SortedList 实现为有序数组。读取操作的时间复杂度为 O(log n)，但最坏情况下的插入时间复杂度为 O(n)。如果插入的成员数值大小是随机的，那就需要频繁地调整数组大小并移动已有成员。如果能把已经排序的成员全部一次性插入，然后用于快速检索，那就十分理想了。

在上述 3 个类中，SortedList 使用的是数组，所以内存需求最少。另外两个类所需的内存随机访问次数要多很多，但能确保较少的平均插入时间。选择哪一种主要取决于程序的需求。

HashSet 和 SortedSet 的区别类似于 Dictionary 和 SortedDictionary。

- HashSet 使用了哈希表，插入和删除操作的时间复杂度为 O(1)。
- SortedSet 使用了二叉树，插入和删除操作的时间复杂度为 O(log n)。

List、Stack 和 Queue 在内部都使用了数组，因此能为引用提供就近访问可能性，在操作数据量较大时效率较高。但是在添加大量数据时，需要调整内部数组的大小。为了避免无谓的数组大小调整，以及随之而来的 CPU 和 GC 开销，如果你事先知道了成员的数量，就应该把所需内存预先分配好，只要给构造方法传入容量大小或是给 Capacity 属性赋值即可。List 的插入操作复杂度为 O(1)，但删除和检索操作的时间复杂度却为 O(n)。Stack 和 Queue 只能添加和删除集合顶端的成员，因此时间复杂度永远都是 O(1)。

LinkedList 的插入和删除操作时间复杂度都是 O(1)，但应该避免存储基元类型，因为会对每个成员分配一个新的 LinkedListNode 对象，这是一种浪费。

6.3.2　可并发访问的集合类

关于并发的总体介绍，可以参阅第 4 章，里面提到了可并发访问集合类（Concurrent Collection）的使用。

可并发访问的集合类都位于 System.Collections.Concurrent 命名空间之下，并且都采用了泛型式的定义。

- ConcurrentBag<T>（Bag 类似于集合，但成员值允许重复）。
- ConcurrentDictionary<TKey, TValue>。
- ConccurentQueue<T>。
- ConcurrentStack<T>。

上述类大部分都在内部使用了 Interlocked 或 Monitor 作为同步原语。你可以也应该用 IL 反编译工具查看一下上述类的源代码。

请注意，上述类的插入和删除 API 中都包含了 TryXXX 方法，当因为其他线程正在操作而发生冲突时，这些方法就会返回失败。比如 ConcurrentStack 就有一个 TryPop 方法，会返回布尔值表示能否从栈中弹出数据。如果其他线程正在弹出数据，那么当前线程的 TryPop 将会返回 false。

ConcurrentDictionary 有一些方法也值得特别留意一下，你可以调用 TryAdd 在字典中添加“键”和“值”，或者用 TryUpdate 更新已有的值。

你一般不会留意数据是否已经存在于 ConcurrentDictionary 之中，不想去确定该添加还是修改数据。有一个 AddOrUpdate 方法可以完成任务，但不能直接给出一项新数据，而是需要传入两个委托，分别用于添加和修改操作。如果“键”不存在，就会调用第 1 个委托，传入该“键”，你需要返回其对应的“值”。如果“键”已经存在，就调用第 2 个委托，传入“键”和已存在的“值”，你需要返回新“值”（可以就是已存在的“值”）。

不论“键”是否存在，AddOrUpdate 方法都会返回新“值”，但重点是你得明白这个新“值”有可能并非来自当前线程发起的 AddOrUpdate 调用！这些方法是**“线程安全”**的，但却不是**“原子性”**的。有可能其他线程用同一个“键”调用了方法，而第 1 个线程返回了第 2 个线程的返回“值”。

AddOrUpdate 还有一个不给出委托的重载版本（只需传入“值”）。

给个例子总是有好处的。

```
dict.AddOrUpdate(
  // 要添加的 Key
  0,
  // 需要根据 Key 返回字符串的委托
  key => key.ToString(),
  // Key 已存在时调用的委托，更新已有 Value
  (key, existingValue) => existingValue);

dict.AddOrUpdate(
  // 要添加的 Key
  0,
  // 新添加的 Key 对应的 Value
  "0",
  // Key 已存在时调用的委托，更新已有 Value
  (key, existingValue) => existingValue);
```

这里为什么不直接传入数据，而是要用委托呢？因为很多时候为给定“键”生成“值”是一件开销很大的操作，你不希望两个线程同时进行这种操作。委托可以让你使用现有数据，而不是再去生成一份新的拷贝。不过请注意，委托并不一定只会调用一次。如果你需要保证添加和修改操作的同步性（Synchronization），还需要在委托中自行添加同步代码（集合类本身未提供实现）。

与 AddOrUpdate 相关的还有 GetOrAdd 方法，工作方式大致相同。

```
string val1 = dict.GetOrAdd(
  // 需要读取的键
  0,
  // 如果不存在则生成值的委托
  k => k.ToString());

string val2 = dict.GetOrAdd(
  // 需要读取的键
  0,
  // 不存在则加入的值
  "0");
```

在使用可并发访问的集合类时，请一定要小心。为了确保安全和效率，可并发访问的集合类有着特殊的使用要求和执行方式，为了能正确、高效地用好它们，你需要确切地了解使用的上下文环境。

6.3.3　其他集合类

.NET 还自带了其他几种专用集合类，但大部分都是为字符串服务或存储 Object 的，因此略过不谈也没问题。值得一提的只有 BitArray 和 BitVector32。

BitArray 代表了位数组。你可以对数组进行按位赋值并执行布尔比较。如果只需要处理 32 位数据，那就可以使用 BitVector32，速度更快，开销也更低，因为 BitVector32 是个“结构”(比封装为对象的 Int32 更小)。

6.3.4　创建自定义集合类型

我很少有从头开始创建自定义集合类的需要，但偶尔会有这种需求。如果内置类都不适用，你当然可以根据合适的抽象创建自己的集合类。以下给出了一些通用的创建原则：

1. 不管是否有实际含义，都要实现标准的集合类接口（IEnumerable<T>、Icollection<T>、IList<T>、IDictionary<TKey, TValue>）。
2. 在决定内部数据存储方式时，请考虑一下集合类的使用方式。
3. 如果经常会进行顺序访问，请注意一下引用的就近访问可能性，优先推荐采用数组。
4. 是否需要把访问的同步性添加到集合类本身的实现中？也许可以再创建一个可并发访问的版本？

5. 理解各项操作在运行时的复杂度，包括添加、插入、修改、查找、删除等逻辑。请参阅附录 B 关于大 O 表示法复杂度的介绍。
6. 实现有实际语义的 API，比如堆栈的弹出（Pop）操作，队列的出队（Dequeue）操作。

6.4 字符串

在.NET 中，字符串是不可变的。一经创建就永远保持原值，直至被垃圾回收。也就是说，对字符串的任何修改都会创建一个新的字符串。通常快速高效的程序都不会以任何方式对字符串做出修改。请设想一下，字符串代表的是文字信息，大部分都是给用户使用的。除非程序是专门用于显示或处理文本的，不然就应尽可能将字符串视为不透明的数据块。如果还有其他选择，那么就一定不要把数据表示为字符串的形式。

6.4.1 字符串比较

虽然已经对性能进行了很多的优化工作，但最好的字符串比较方案就是根本不做比较。如果能够不作字符串比较，请使用枚举（enum）或其他数值类型来做判断条件。如果必须使用字符串，请尽量缩小字符串的大小，并使用最简单的字母顺序进行比较。

比较字符串的方式有很多，如逐字节比较、采用当前地区设置、大小写敏感等，你应该尽可能使用最简单的比较方式。比如：

```
String.Compare(a, b, StringComparison.Ordinal);
```

速度就比

```
String.Compare(a, b, StringComparison.OrdinalIgnoreCase);
```

要快，比

```
String.Compare(a, b, StringComparison.CurrentCulture);
```

则更快。

如果你需要处理计算机自动生成的字符串，比如配置文件或者其他紧耦合（Tightly Coupled）的接口信息，那最多也就会用到大小写敏感的选项。

所有的字符串比较都应该使用指定了 StringComparison 枚举参数的重载方法，省略这个参数应被视为代码错误。

最后一点，String.Equals 是 String.Compare 的一种特殊情况，应该用于无所谓排列顺序的场合。实际上很多情况下 String.Equals 方法并不会更快，但能够更清楚地表达代码的意图。

6.4.2　ToLower 和 ToUpper

请勿调用 ToLower、ToUpper 之类的方法，特别是想进行字符串比较的时候。请换用带有 IgnoreCase 参数的某个 String.Compare 方法。

这里有一点点可讨价还价的地方，但理由并不够充分。一方面，大小写敏感的字符串比较速度较快，但还是不能成为采用 ToUpper 和 ToLower 的理由。因为 ToLower 和 ToUpper 必须对每个字符都进行处理，而字符串比较时却可能不需如此。而且 ToLower 和 ToUpper 还会创建新的字符串、进行内存分配并给垃圾回收器带来更多的负担。

反正别用 ToLower、ToUpper 就对了。

6.4.3　字符串拼接

对于编译阶段即可确定数量的字符串拼接，只要使用“+”操作符或 String.Concat 方法即可，通常比使用 StringBuilder 的效率更高。

```
string result = a + b + c + d + e + f;
```

除非字符串的数量不定，并很有可能超过几十个，不然不要考虑使用 StringBuilder。编译器会按某种方式对字符串的简单拼接进行优化，以利于减少内存的开销。

6.4.4　字符串格式化

String.Format 方法的开销非常大，非用不可时才考虑采用。在以下这种简单情况下，就不要使用了。

```
string message = String.Format("The file {0} was {1} successfully.",
  filename, operation);
```

只要换成简单的拼接方式即可。

```
string message = "The file " + filename + " was " + operation + "
    successfully";
```

请将 String.Format 用于无所谓性能的场合，或者格式更为复杂的时候（比如需对 double 型数据设定显示精度）。

6.4.5 ToString

对很多类的 ToString 方法都要小心一点，如果运气够好，ToString 会返回已存在的字符串。还有些类会把已生成的字符串进行缓存，比如 IPAddress 类就会缓存其文本格式的字符串，这个字符串生成的代价相当高昂，牵涉到 StringBuilder、Format 和装箱操作。另外一些类则可能在每次调用时都会创建新的字符串，那会非常浪费 CPU 资源，还会增加垃圾回收的频率。

在设计自己的类时，请认真考虑其 ToString 方法将要被调用的情形。如果经常会被调用到，那就一定要尽可能地减少字符串的创建操作。如果只是为了有助于调试，那怎么实现都无所谓。

6.4.6 避免字符串解析

只要有可能，请让字符串解析工作留待离线状态下去完成，或者只在启动阶段执行一次。字符串处理通常是 CPU 密集型操作，需要重复多次，内存占用量也很高，这些都应该是尽量避免的。

6.5 应避免使用正常情况下也会抛出“异常”的 API

正如第 5 章所言，“异常”的开销很高，因此应该留待真正发生异常的时候使用。非常不幸，有些很常用的 API 也违背了这个基本观点。

大部分基本数据类型都带有 Parse 方法，当输入的字符串格式无法识别时，就会抛出 FormatException，比如 Int32.Parse、DateTime.Parse 等。除非程序能够在 Parse 出错时可以完全退出，不然就请避免使用这些方法。推荐选用 TryParse 方法，如果解析失败会返回 bool 型的 false。

另一个例子是 System.Net.HttpWebRequest 类，如果从服务器端接收到“200”以外的应答信息，就会抛出“异常”。谢天谢地，这种古怪的工作方式终于在.NET 4.5 版本的 System.Net.Http.HttpClient 中得到了修正。

6.6 避免使用会在 LOH 分配内存的 API

你只有一种允许发起 LOH 内存分配的方法，就是在用 PerfView 对堆内存分配情况进行分析的时，用于显示内存分配的调用栈。请注意有些.NET API 也会进行 LOH 分配的，比如调用 Process.GetProcesses 方法就一定会在 LOH 上进行一次内存分配。通过缓存结果、减少调用频率、直接用 Win32 API 获取信息，你可以尽量避免这种 LOH 分配。

6.7　使用延迟初始化

如果你的程序用到了大型对象，或者对象的创建开销很高但使用频次却很低（或在使用期间并不是一直有用），你可以用 Lazy<T>给对象封装一个延迟构造方法。只要发生对 Value 属性的访问，就会根据创建 Lazy<T>对象时用到的构造方法初始化出一个实际的对象。

如果对象自带默认构造方法，那么就可以使用最简单的 Lazy<T>版本。

```
var lazyObject = new Lazy<MyExpensiveObject>();
...
if (needRealObject)
{
  MyExpensiveObject realObject = lazyObject.Value;
  ...
}
```

如果对象的构造方法比较复杂，你可以给构造方法传入一个 Func<T>。

```
var myObject = new Lazy<MyExpensiveObject>(() =>
Factory.CreateObject("A"));
...
MyExpensiveObject realObject = myObject.Value
```

Factory.CreateObject 只是一个创建 MyExpensiveObject 的占位方法（Dummy Method）。

如果有多个线程同时访问 myObject.Value，很有可能每个线程都会初始化对象。默认情况下，Lazy<T>是线程安全的，只允许 1 个线程执行对象构造方法的委托并设置 Value 属性。你可以用 LazyThreadSafetyMode 修改默认设置。LazyThreadSafetyMode 有 3 种值，分别如下：

- None——不作线程安全。如有必要，你必须确保这时 Lazy<T>对象只能由一个线程访问。
- ExecutionAndPublication——只允许一个线程执行对象构造方法的委托并设置 Value 属性。
- PublicationOnly——多个线程都可以执行对象构造方法的委托，但只有一个线程可以初始化 Value 属性。

你应该用 Lazy<T>取代自行实现的单实例和双检锁模式代码。

如果需要创建大量对象，而使用 Lazy<T>会带来巨大的开销，那么你可以使用 LazyInitializer 类的静态 EnsureInitialized 方法。这会用 Interlocked 的方法确保对象引用只能被赋值一次，但却无法保证对象构造方法的委托只进行一次调用。与 Lazy<T>不同，你必须自行发起 EnsureInitialized 方法的调用。

```
static MyObject[] objects = new MyObject[1024];


static void EnsureInitialized(int index)
{
  LazyInitializer.EnsureInitialized(ref objects[index],
      () => ExpensiveCreationMethod(index));
}
```

6.8 枚举的惊人开销

你也许不会想到，操作 Enum（最基本的整数类型）的方法会有很大的开销。很不幸，因为要保证类型安全性（Type Safety），简单操作的开销要超出你的想象。

比如 Enum.HasFlag 方法，你可以想象一下如下代码的开销。

```
public static bool HasFlag(Enum value, Enum flag)
{
  return (value & flag) != 0;
}
```

不幸的是，实际得到的是类似下述代码。

```
// ILSpy 生成的 C#代码
public bool HasFlag(Enum flag)
{
  if (flag == null)
  {
    throw new ArgumentNullException("flag");
  }
  if (!base.GetType().IsEquivalentTo(flag.GetType()))
  {
    throw new ArgumentException("Enum types do not match",
        new object[]
      {
       flag.GetType(),
       base.GetType()
       }));
  }
  return this.InternalHasFlag(flag);
}
```

上述例子很好地说明了采用通用 Framework 带来的副作用。如果你能完全控制底层的代码，那就可以获得更好的性能。如果你发现需要大量检测 HasFlag，那么就自行编写代码来完成。

```
[Flags]
enum Options
{
  Read = 0x01,
  Write = 0x02,
  Delete = 0x04
}

...

private static bool HasFlag(Options option, Options flag)
{
  return (option & flag) != 0;
}
```

枚举带有[Flags]属性，因此 Enum.ToString 的开销也相当大。一种方案是把所有的枚举类型的 ToString 调用结果缓存到 Dictionary 中。或者干脆不用这些字符串表示，只使用数值型可以极大改善性能，转换成字符串的工作可以离线完成。

你可以进行一个有趣的实验，看一下 Enum.IsDefined 调用会生成多少代码。如果不在乎性能，现有的实现代码确实非常完美。但等你发现这些代码会成为性能瓶颈，那你就会惊恐不已了！

故事

我曾经历尽艰辛才发现 Enum 的性能问题，而且是在系统正式发布之后。在一次常规的 CPU 分析时，我注意到有超过3%的 CPU 被 Enum.HasFlag 和 Enum.ToString 吃掉了。我删除了所有 HasFlag 调用，并用 Dictionary 缓存了字符串，CPU 开销就下降到了可以忽略的程度。

6.9　对时间的跟踪记录

时间有两层含义：

- 绝对的时钟时间。
- 时间间隔（Time Span，耗费了多长时间）。

.NET 为绝对时间提供了功能强大的 DateTime 结构。不过调用 DateTime.Now 的开销相当高，因为得处理时区信息。你可以考虑换用 DateTime.UtcNow，性能会提高很多。

如果你有大量的时间戳（Time Stamp）需要跟踪分析，那么即便是调用

DateTime.UtcNow 开销还有可能会很高。你可以只在一开始获取一次时钟时间，然后就每次记录相对的时间差，最后离线完成绝对时间的计算。这里会用到后续介绍的时间间隔测量技术。

.NET 为时间间隔的计算提供了 TimeSpan 结构。如果把两个 DateTime 结构相减，你就能得到一个 TimeSpan 结构。但如果想以最小的开销计算很小的时间间隔，必须换用系统提供的性能计数器，通过 System.Diagnostics.Stopwatch 即可，返回值是个 64 位整数，记录了自 CPU 上电以来的时钟节拍数（Tick）。如果要计算两个时钟节拍数之间的真实时间间隔，只要相减并除以时钟节拍计数器的频率即可。请注意，时钟节拍计数器的频率与 CPU 主频无关。大部分现代处理器的 CPU 主频都会经常变化，但时钟节拍频率不会。

我们可以按以下方式使用 Stopwatch。

```
var stopwatch = Stopwatch.StartNew();
...do work...
stopwatch.Stop();
TimeSpan elapsed = stopwatch.Elapsed;
long elapsedTicks = stopwatch.ElapsedTicks;
```

如果你要跟踪记录大量的时间戳，并且想避免为每个时间间隔都新建一个 Stopwatch 对象，Stopwatch 还提供了获取时间戳和时钟频率的静态方法，使用起来会更加方便。

```
long receiveTime = Stopwatch.GetTimestamp();
long parseTime = Stopwatch.GetTimestamp();
long startTime = Stopwatch.GetTimestamp();
long endTime = Stopwatch.GetTimestamp();

double totalTimeSeconds = (endTime - receiveTime) /
    Stopwatch.Frequency;
```

最后请记住，Stopwatch.GetTimestamp 方法返回的数值只对当前会话（Session）有效，只能用于计算相对时间间隔。

把上述两种时间结构结合在一起使用，你就能理解由 1 个起点 DateTime 计算相对时间差的方法了。

```
DateTime start = DateTime.Now;
long startTime = Stopwatch.GetTimestamp();
long endTime = Stopwatch.GetTimestamp();

double diffSeconds = (endTime - startTime) / Stopwatch.Frequency;
DateTime end = start.AddSeconds(diffSeconds);
```

6.10　正则表达式

正则表达式速度并不快，包括以下开销。

- 生成程序集——在某些配置条件下，在创建 Regex 对象时，会在内存中实时生成程序集。这有助于提高运行性能，但第一次创建时的开销较大。
- JIT 开销可能会较高——由正则表达式生成的代码可能会非常冗长，匹配模式（Pattern）会带来很多麻烦。最新的 CLR 已经取得了长足的进步，特别是对 64 位进程。请参阅 http://www.writinghighperf.net/go/27 获取更多信息。
- 计算过程可能相当耗时——这取决于输入的文本和匹配模式（Pattern）。要写出一个性能低下的正则表达式相当地容易，如何优化正则表达式本身就是一个完整的课题。

通过以下一些途径可以提高 Regex 对象的性能。

- 确保使用最新的.NET 版本，并及时升级补丁。
- 请创建 Regex 实例，不要使用静态方法。
- 在创建 Regex 对象时，请指定 RegexOptions.Compiled 参数。
- 请勿反复创建 Regex 对象，请创建一次并保存下来，再次使用时传入新的匹配文本即可。

6.11　LINQ

语言集成查询（LINQ）最危险的地方就是可能会隐藏代码，你无法对这些代码负责，因为不会在你的源代码中出现！

LINQ 的便利性常常令人惊叹，很多 LINQ 查询拥有完美的性能，可如果你痴迷于临时动态对象、join 或复杂 where 从句的使用，那就会大量用到委托、接口，分配大量的临时对象。

你往往可以通过并行 LINQ（Parallel LINQ）获得明显的速度提升，但请时刻牢记工作量其实不会减少，只是被分摊到多个处理器执行而已。对于大部分时间都是单线程运行的应用而言，使用并行 LINQ 查询只是想减少执行时间，这也许是可以接受的。但如果你编写的是服务器程序，所有的处理器核心都要忙于数据处理，那么让 LINQ 扩散到多个 CPU 对整体性能毫无益处，甚至会带来损失。因此在服务器程序中也许最好是完全弃用 LINQ，寻求其他效率更高的解决方案。

如果你觉得碰到了难以解释的问题，请运行 PerfView 并打开“JITStats”视图，查看一下涉及 LINQ 的方法对应的 IL 代码大小及 JIT 耗时，同时再查看一下这些方法在 JIT 编译完成后的 CPU 占用情况。

6.12 读取文件

File 类提供了一些方便使用的方法，比如 Open、OpenRead、OpenText 和 OpenWrite，如果对性能要求不高，那么是非常好用的。

可如果要进行大量的磁盘 I/O，那你就得注意一下磁盘访问的类型（随机访问还是顺序访问），或者确认一下是否得在收到 I/O 完成的通知之前，确保数据物理写入了磁盘。为了能掌控底层的访问细节，你需要使用 FileStream 类，并通过接受 FileOptions 枚举参数的重载版本进行构造。你可以把多个枚举值“或”在一起，只是并非所有组合都是合法的。这些 FileOptions 都不是必选项，但可以提醒操作系统或文件系统应该如何优化文件的访问操作。

```
using (var stream = new FileStream(
            @"C:\foo.txt",
            FileMode.Open,
            FileAccess.Read,
            FileShare.Read,
            16384 /* Buffer Size*/,
            FileOptions.SequentialScan | FileOptions.Encrypted))
{
...
}
FileOptions.SequentialScan | FileOptions.Encrypted)) { ... }
```

可用的 FileOptions 包括以下几个。

- Asynchronous——表示要异步读写文件。并一定真的进行异步读写，但如果不作出声明，线程虽然不会被阻塞，但底层 I/O 将同步执行，而不会用到 I/O 完成端口[①]（I/O Completion Port）。FileStream 的构造方法还有一个可接受 Boolean 参数的重载版本，用于指明是否进行异步访问。
- DeleteOnClose——让操作系统在最后一个文件句柄被关闭后删除文件。请用于临时文件。
- Encrypted——使用当前账户的证书对文件进行加密。
- RandomAccess——提示文件系统，应为随机访问优化缓存。
- SequentialAccess——提示文件系统，文件将会从头至尾顺序读取。
- WriteThrough——忽略缓存并直接写入磁盘，这通常会降低 I/O 速度。虽然会与文件系统的缓存产生矛盾，但很多存储设备都带有板载缓存，设备可以忽略该标志位并在数据写入持久性存储之前就返回成功信息。

① I/O Completion Port 是微软提供的线程模型，用于在多处理器系统中高效处理异步 I/O 请求。详见 https://msdn.microsoft.com/en-us/library/windows/desktop/aa365198(v=vs.85).aspx。

随机访问对于所有存储设备（比如磁盘和磁带）都是不利的，因为需要首先检索到正确的位置。为了提高性能，应该优先选用顺序访问模式。

6.13 优化 HTTP 参数及网络通信

如果应用程序需要对外发起 HTTP 调用，你可以对一些网络参数进行修改，以便优化网络传输性能。但在修改参数时应该多加谨慎，因为优化效果很大程度上依赖于网络拓扑和对端的服务器程序。并且还应考虑到对端（Endpoint）的环境，是位于由你控制的数据中心，还是在国际互联网上。你需要进行仔细的性能评估，到底参数修改能否带来性能收益。

如果要针对所有目标统一调整参数，可以修改 ServicePointManager 类的静态属性。

- DefaultConnectionLimit——每个端点的可并发连接数。如果网络链接和两端程序都能识别这个参数，那么增大此值可能会增加整体的开销。
- Expect100Continue——当客户端开始执行 POST 或 PUT 命令时，通常会等待服务器端返回 100-Continue 信号，然后再发送数据。这样服务器可以在数据发送之前就拒绝请求，以便节省带宽。如果两端的程序都由你控制，不需要采用这种方式，可以关闭该标志以降低延迟。
- ReceiveBufferSize——用于接收请求的缓冲区大小。默认值是 8KB，如果经常收到大型请求，则可以增大缓冲区。
- SupportsPipelining——允许在未收到应答之前就发送多个请求。但应答信息还是会按顺序返回的。更多信息请参阅 RFC 2616（HTTP/1.1 标准）http://www.writinghighperf.net/go/28。
- UseNagleAlgorithm——在 RFC 896 http://www.writinghighperf.net/go/29 中有对 Nagle 算法的介绍，通过把多个小数据包合并为大包，来减少多个网络包的开销。降低网络传输开销是可以获得性能收益，但也会导致数据包延迟。在现代网络中，该标志通常应该关闭。你可以关闭一下试试，看看应答时间是否会减少。

以上参数都可以对每个 ServicePoint 对象进行单独设置，当你希望针对每个服务端点独立进行定制时，这就很有用了。也许本地数据中心和互联网的服务端就可以有所区别。除此之外，ServicePoint 还有其他一些参数可以由你控制，比如：

- ConnectionLeaseTimeout——定义了活动连接的最长存活时间，单位为 ms（毫秒），设为-1 表示永久保持连接。在作负载均衡时，该参数比较有用，因为要周期性地强行关闭连接以便能与其他机器连接。该参数设为 0 会使得每次请求完毕就关闭连接，因为新建 HTTP 连接的开销相当高，所以不建议设为 0。
- MaxIdleTime——设定连接空闲时保持打开状态的最大时长，单位为 ms（毫秒）。设为 Timeout.Infinite 可以让连接永远保持打开状态，不管是否有数据活动。
- ConnectionLimit——设定本端的最大连接数。

你还可以用一个特别的 HTTP 请求（把 HTTP 请求头的 KeepAlive 字段置为 false）强行关闭当前连接（在已经收到应答信号之后）。

> **故事**
>
> 请确保数据经过了正确的编码。在对一个内部系统的跟踪分析过程中，我们发现某部分程序的内存分配数量和 CPU 占用率都非常高。经过研究我们意识到，处理过程是这样的，先接收 HTTP 应答，再把接收到的数据转换为 base64 编码的字符串，再把字符串解码放入二进制 Blob，最后把这个 Blob 反序列化成一个强类型的对象。二进制 Blob 编码成字符串是没有必要的，造成了带宽的浪费。多层编码也浪费了 CPU 资源，最终还会导致要花费更多时间去对多个大对象进行垃圾回收。经验就是只发送必要的数据，应该尽可能简短。如今已经很少用到 Base64 了（也许以前也不太有用），特别是在内部程序组件当中更为少见。不管是文件还是网络 I/O，都要尽可能对数据进行合适的编码。比如要读取一串整数值，那就不要浪费 CPU、内存、磁盘空间、网络带宽去封装为 XML。

最后还需要注意的一点，是关于本章开头部分加粗表示的指导原则（有关.NET Framework 的通用目标）。系统提供的 HttpClient 对象用于下载互联网数据基本算是完美，但有可能不适用于所有应用程序，特别是那些非常在意高百分位[①]延迟的应用，如内部数据中心的网络请求。如果对第 95 或 99 百分位的 HTTP 请求延迟比较在意，那也许你只能基于底层的 WinHTTP API 编写自己的 HttpClient，以便能榨取到最后一比特的性能。要想写好自己的 HttpClient，需要对 HTTP 和.NET 的多线程都具备相当多的编程经验，因此你需要有足够的理由来证明这种努力是值得的。

6.14 反射

反射是指在运行时动态加载.NET 程序集，并能手动载入、查看，甚至执行已加载程序集中的类型。在任何时候，反射操作都不会很快。

为了演示反射的一般过程，下面给出一段代码示例。这段简单的代码来自 ReflectionExe 示例项目，动态加载一个插件程序集。

```
var assembly = Assembly.Load(extensionFile);

var types = assembly.GetTypes();
Type extensionType = null;
foreach (var type in types)
{
  var interfaceType = type.GetInterface("IExtension");
  if (interfaceType != null)
```

① 百分位（Percentile）是一个统计学概念，是基于样本值得出的，请勿与“百分比”混淆，参阅第 1 章。

```
    {
      extensionType = type;
      break;
    }
  }

object extensionObject = null;
if (extensionType != null)
{
  extensionObject = Activator.CreateInstance(extensionType);
}
```

现在，我们可以有两种执行插件代码的方式。如果是继续利用反射机制，那么我们可以获取方法的 MethodInfo 对象并发起调用（Invoke）。

```
MethodInfo executeMethod = extensionType.GetMethod("Execute");
executeMethod.Invoke(extensionObject, new object[] { 1, 2 });
```

这种方式极其缓慢，大约比以下方式慢 100 倍（将对象转换为接口并直接执行）。

```
IExtension extensionViaInterface = extensionObject as IExtension;
extensionViaInterface.Execute(1, 2);
```

如果可以的话，你应该始终采用直接执行的方案，请勿依赖 MethodInfo.Invoke 技术。如果不可能采用公共接口，那请参阅第 5 章的自行生成代码部分，自行生成代码执行动态加载的程序集，要比采用反射机制快得多。

6.15　评估

为了查找.NET Framework 的性能问题，很多技术其实和分析自编代码一样。在使用工具软件分析 CPU 占用率、内存分配情况、“异常”抛出情况、竞态现象等问题时，你会发现 Framework 中的问题热点和你自编代码中的很类似。

请记住 PerfView 会把很多 Framework 归在一组中显示，你也许有必要修改视图的配置参数，以便更好地把 Framework 的性能状况显示出来。

6.16　性能计数器

- .NET 拥有很多种性能计数器。第 2～4 章已经介绍了垃圾回收机制、JIT 编译过程和异步编程方式，包括了相关性能计数器的所有细节。.NET 还有以下几类其他的性能计数器。

- .NET CLR Data——与 SQL 客户端、连接池和 SQL 命令相关的计数器。
- .NET CLR Exceptions——与“异常”抛出数相关的计数器。
- .NET CLR Interop——与托管代码调用本机代码相关的计数器。
- .NET CLR Networking——与网络连接和数据传输相关的计数器。
- .NET CLR Remoting——与远程调用（Remote Call）、对象内存分配、隧道（Channel）等数量相关的计数器。
- .NET CLR Data Provider for SqlServer/Oracle——用于各种.NET 数据库客户端的计数器。

根据系统配置的不同，你看到的计数器多少会有些出入。

6.17 小结

不论使用什么 Framework，你都需要理解所用 API 的实现细节，不要想当然就信手拈来使用。

在使用集合类时请注意选择，需要综合考虑 API 的字面语义、内存就近访问可能性、算法复杂度和空间的占用情况。绝对不要再去使用旧的非泛型集合类，比如 ArrayList 和 HashTable 之类的。仅当需要对大部分或全部访问都进行同步时，才选用可并发访问的集合类。

请特别注意字符串的使用，应避免创建多余的字符串。

有些 API 在正常情况下也会抛出异常，或者需要在 LOH 分配内存，或者实现起来的开销远超预期，这些 API 都应该敬而远之。

在使用正则表达式时，请确保没有反复创建同样的 Regex 对象，强烈建议利用 RegexOptions.Compiled 参数对表达式进行编译。

请对 I/O 的类型引起重视，在打开文件时使用最合适的参数标志，以便让操作系统能有机会进行优化。对于网络调用则请禁用 Nagle 算法和 Expect100Continue 标志，只传输必要的数据并避免无用的编码过程。

不要用反射 API 来完成动态加载代码的执行，请通过公共接口或者自行生成代码的委托来调用动态加载的代码。

第 7 章　性能计数器

为了跟踪分析应用程序在一段时间内的整体性能，性能计数器是至关重要的手段。如果你正在负责跟踪并改善程序性能，性能计数器将会帮到你。尽管你可以（应该）把性能计数器用于实时监测，但把长期分析的结果保存到数据库中将会更加有用。这样你就能了解程序的新版本、使用方式或其他事件对性能产生了多大的影响。

你可以自己编写代码将性能计数器用于自我监测、归档和自动分析，还可以创建并注册自己的计数器，并同样用于自我监测。通过将自定义计数器与系统计数器关联，你往往能十分迅速地发现问题所在。

性能计数器是由 Windows 管理的对象，记录了一段时间内的运行数据。这些数据可以是任何数值、次数、比率、时间间隔，和其他后续会详细介绍的类型。每个计数器都带有类别（Category）和名称。大部分计数器还拥有多个实例（Instance），按照逻辑上独立的实体对计数器进行了进一步细分。比如 Processor 类别下的“% Processor Time”计数器，就为每一个正在运行的处理器设置了一个实例。很多计数器还带有元实例（Meta-instance），比如“_Total”和“<Global>”，用于表示全部实例的合计值。

Windows 的很多组件都会创建自己的性能计数器，.NET 也不例外。你可以使用数以百计的计数器，几乎可以跟踪与程序性能有关的方方面面。这些计数器都已经在本书的相关章节中介绍过了。

如果要跟踪当前系统所有已安装的性能计数器，请使用 Windows 自带的 PerfMon.exe，第 1 章中已有介绍。本章将会讨论如果用代码来访问这些计数器，包括使用已有的和创建自己的计数器。

7.1 使用已有的计数器

如果要使用计数器，只要创建 PerformanceCounter 类的实例并传入 Category 和计数器名称即可，还可选给出 Instance 名称和计算机名称。下面给出一个例子，cpuCtr 对象对应的是“% Processor Time”计数器。

```
PerformanceCounter cpuCtr  = new PerformanceCounter("Process",
   "% Processor Time", process.ProcessName);
```

周期性地调用计数器对象的 NextValue 方法即可读取数据。

```
float value = cpuCtr.NextValue();
```

在 API 文档中建议，调用 NextValue 的频率不要超过每秒 1 次，以便让计数器对象有足够的时间进行下一次读取操作。

如果你想看一个简单的示例项目，请查看随书附带的 PerfCountersTypingSpeed 项目，里面演示了多个系统计数器和自建计数器的使用。

7.2 创建自定义计数器

如果要创建自定义计数器，需要新建 CounterCreationData 类的实例，并给出计数器名称和计数器类型。然后把计数器实例加入一个 CounterCreationDataCollection 中，再把集合加入到一个 Category 中。

```
const string CategoryName = "PerfCountersTypingSpeed";

if (!PerformanceCounterCategory.Exists(CategoryName))
{
  var counterDataCollection = new CounterCreationDataCollection();

  var wpmCounter = new CounterCreationData();
  wpmCounter.CounterType = PerformanceCounterType.RateOfCountsPerSecond32;
  wpmCounter.CounterName = "WPM";
  counterDataCollection.Add(wpmCounter);

  try
  {
    // 创建 Category
    PerformanceCounterCategory.Create(
       CategoryName,
      "Demo category to show how to create and consume counters",
      PerformanceCounterCategoryType.SingleInstance,
      counterDataCollection);
  }
  catch (SecurityException )
  {
    // 错误处理-“无权做出修改”
  }
}
```

为了能创建自定义计数器，你必须拥有 PerformanceCounterPermission 权限。在生产实践时，这表示你通常应该用安装程序来新建计数器，安装程序可以在相应的权限下运行。.NET 提供了 PerformanceCounterInstaller 类，可以将多个 CounterCreationData 实例打包并为你完成安装，而且支持回滚和删除操作。

计数器的类型有很多，被归为几种 Category，后续会详细列出。还有一些计数器有 32 位和 64 位之分，你可以选择与跟踪数据最相符的类型来使用。

7.2.1 Averages

这类计数器显示了最近两次评估结果的平均值。

- AverageCount64——在一次操作中进行了多少次处理。
- AverageTimer32——一次操作耗费了多少时间。
- CountPerTimeInterval32/64——请求某个资源的队列平均长度。
- SampleCounter——每秒完成的操作次数。

AverageCount64 和 AverageTimer32 需要另一个 AverageBase 计数器的协助，才能计算自上次数据更新以来完成了多少次操作。在应用均值计数器之后必须马上对 AverageBase 进行初始化。以下代码演示了如何一起创建两个计数器。

```
var counterDataCollection = new CounterCreationDataCollection();

// 实际的平均值计数器
var bytesPerTx = new CounterCreationData();
bytesPerTx.CounterType = PerformanceCounterType.AverageCount64;
bytesPerTx.CounterName = "BytesPerTransmission";
counterDataCollection.Add(bytesPerTx);

// 协助计算的 Base 计数器
var bytesPerTxBase = new CounterCreationData();
bytesPerTxBase.CounterType = PerformanceCounterType.AverageBase;
bytesPerTxBase.CounterName = "BytesPerTransmissionBase";
counterDataCollection.Add(bytesPerTxBase);

PerformanceCounterCategory.Create(
  "Network Statistics",
  "Network statistics demo counters",
  PerformanceCounterCategoryType.SingleInstance,
  counterDataCollection);
```

如果要设置计数器值，只要根据数据项数量和数据操作次数调整各个计数器即可。在上述例子中，设置过程相当简单：

```
bytesPerTx.IncrementBy(request.Length);
bytesPerTxBase.IncrementBy(1);
```

7.2.2 Instantaneous

这类计数器最为简单，只是反映最近的采样数据。

- NumberOfItems32/64——最近的数据值。
- NumberOfItemsHEX32/64——与 NumberOfItems32/64 相同，只是以十六进制显示。
- RawFraction——和 RawBase 计数器配合使用，显示百分比。总数赋给 RawBase 计数器，该计数器记录部分值。比如可用来表示磁盘占用率。

7.2.3 Deltas

Delta 计数器显示最近两次数据的差值。

- CounterDelta32/64——显示最近两次记录的差值。
- ElapsedTime——显示自程序组件或进程启动以来所经过的时间。比如用于跟踪应用程序的运行时间。初始化完成后，就不需要给该计数器赋值了。
- RateOfCountsPerSecond32/64——平均每秒完成的操作次数。

7.2.4 Percentages

Percentage 计数器显示了资源被占用的百分比。有时候会超过 100%。比如在多处理器系统中，你可以将 CPU 的占用率表示为单核的百分比。每个计数器的实例代表 1 个处理器核心。如果同时用到了多个核心，那么百分比就会超过 100%。

- CounterTimer——程序组件活动的时间在全部采样时间中的百分比。
- CounterTimerInverse——与 CounterTimer 类似，只是先计算程序组件**不活动**的时间，再从 100%中减去。换句话说，该计数器和 CounterTimer 的意义相同，只是数据来源相反。
- CounterMultiTimer——与 CounterTimer 类似，但是合计所有实例上的程序组件活动时间，可能会使百分比超过 100%。
- CounterMultiTimerInverse——统计多个实例，但结果是由非活动时间反推得来的。
- CounterMultiTimer100Ns——以 100ns 为一个时钟节拍（Tick）进行计算，取代系统定义的性能计数器节拍。
- CounterMultiTimer100NsInverse——与 CounterMultiTimer100Ns 类似，只是结果是反推得来的。
- SampleFraction——被计算数据数量在总采样数中的占比。总数以 SampleBase 计数器记录的为准。

- Timer100Ns——程序组件活动时间占总采样时间的百分比，以 100ns 为计时单位。
- Timer100NsInverse——与 Timer100Ns 相同，只是结果是反推得来的。

所有以 CounterMulti 开头的计数器都需要用到 CounterMultiBase，这与之前的 AverageCount64 示例类似。

在创建自定义性能计数器时，请记得切勿过于频繁地更新数据。比较合适的规则是最多每秒更新 1 次，因为超过这个频率也不会有新的数据生成。如果需要生成大量的性能数据，更好的选择是使用 ETW。

7.3　小结

性能计数器是最基本的性能分析构成部分。虽然你不是一定要创建自己的性能计数器，但如果影响性能的因素会是很多零散的操作环节，那还是可以考虑自建一下的。

可以考虑利用.NET API 来自动收集并分析计数器，以便能对系统性能情况存档并持续反馈。

第 8 章　ETW 事件

上一章讨论了性能计数器，在跟踪分析程序整体性能时非常有用。但是性能计数器无法提供详细的事件信息和程序执行信息。因此，你需要把每步操作记录成日志数据，如果同时记录下时间戳，那就能以非常细致的方式对程序性能进行跟踪分析了。

.NET 有很多日志库可用，有一些比较流行，比如 log4net，还有很多都是可自定义的解决方案。但是我强烈建议你使用 ETW（Event Tracing for Windows），因为有以下一些好处。

1．是系统内置的。

2．速度很快，适用于性能要求较高的场合。

3．自动缓冲。

4．可以在运行时对事件的引用和生成进行动态开关。

5．拥有强大的过滤机制。

6．可以把来自多处的事件整合到 1 个日志流中，以便能综合分析。

7．操作系统及.NET 的所有子系统都会生成 ETW 事件。

8．所有事件都已分类并按序排列，而不再是简单的文字信息。

PerfView 和其他很多分析工具都不过只是个高级的 ETW 分析程序而已。比如在第 2 章中，你已经知道了 PerfView 是如何用于分析内存分配情况的，所有这些信息都来自于 CLR 生成的 ETW 事件。

在本章中你将会学习定义自己的事件并使用之。我们介绍的所有类都位于 System.Diagnostics.Tracing 命名空间中，自.NET 4.5 版本开始提供。

对于程序的开始和结束、对请求的各个处理阶段、发生的错误或其他任何可用文字表达的事情，你都可以定义事件进行标记。你对写入事件的信息拥有完全控制权。

使用 ETW 要从定义 Provider 开始。在.NET 的术语里，Provider 是一个类，包含了定义事件的方法。这些方法可以接收任何.NET 的基本数据类型，比如字符串、整数等。

使用事件的对象被称为侦听器（Listener），会对感兴趣的事件进行订阅。如果某类事件没有订阅者，那么就会被丢弃。这样可以让 ETW 的平均开销降到很低。

8.1　定义事件

事件通过派生.NET Framework 的 EventSource 类来进行定义，示例如下：

```
using System.Diagnostics.Tracing;

namespace EtlDemo
```

```
{
  [EventSource(Name="EtlDemo")]
  internal sealed class Events : EventSource
  {
    ...
  }
}
```

如果你希望 Listener 能够通过名称找到事件源，那么 Name 参数就是必填项。GUID 是可选项，你可以同时提供。如果没有提供 GUID，则会按照 RFC 4122 算法由名称自动生成 1 个（参阅 http://www.writinghighperf.net/go/30）。只有在需要确保唯一的事件源时，你才必须使用 GUID。如果事件源和 Listener 位于同一个进程中，那么甚至连事件名称都不需要，直接给 Listener 传递事件源对象即可。

在完成基本的定义后，在定义事件时还有一些应该遵守的惯例。出于演示的目的，我会为一个非常简单的测试程序定义一些事件（参阅 EtlDemo 示例项目）。

```
using System.Diagnostics.Tracing;

namespace EtlDemo
{
  [EventSource(Name="EtlDemo")]
  internal sealed class Events : EventSource
  {
    public static readonly Events Write = new Events();

    public class Keywords
    {
      public const EventKeywords General = (EventKeywords)1;
      public const EventKeywords PrimeOutput = (EventKeywords)2;
    }

    internal const int ProcessingStartId = 1;
    internal const int ProcessingFinishId = 2;
    internal const int FoundPrimeId = 3;

    [Event(ProcessingStartId, Level = EventLevel.Informational,
          Keywords = Keywords.General)]
    public void ProcessingStart()
    {
      if (this.IsEnabled())
      { this.WriteEvent(ProcessingStartId); }
    }
```

```
    [Event(ProcessingFinishId, Level = EventLevel.Informational,
            Keywords = Keywords.General)]
    public void ProcessingFinish()
    {
      if (this.IsEnabled())
      {
        this.WriteEvent(ProcessingFinishId);
      }
    }

    [Event(FoundPrimeId, Level = EventLevel.Informational,
            Keywords = Keywords.PrimeOutput)]
    public void FoundPrime(long primeNumber)
    {
      if (this.IsEnabled())
      {
        this.WriteEvent(FoundPrimeId, primeNumber);
      }
    }
  }
}
```

首先，请注意第一个声明的对象是对事件实例本身的静态引用。因为事件通常是全局对象，需要被很多地方访问，所以静态引用的做法十分常用。采用“全局”变量，比给每个用到的对象都传递一个引用要方便得多。我用的名称是“Write”，但我见过别人用“Log”。你可以任意命名，但为了表述清楚，应该为自己的事件源建立命名规范。

在对象声明之后是一个内部类，用于定义一些关键字（Keywords）常量。Keywords 是可选项，可以为任意值，用于对事件进行分类，供你的应用程序识别。Listener 可以根据 Keywords 对需要侦听的信息进行过滤。请注意 Keywords 被视为位标志（Bit Flag），因此数值必须为 2 的倍数，这样 Listener 就可以轻松指定多个 Keywords 了。

接下来是用于标识事件的常量定义。常量声明并不是必须的，但会大大方便代码和 Listener 对事件的引用。

最后是事件的列表。事件定义为 void 方法，参数任意。这些方法都带有 ID、级别、关键字属性（可以用“或”操作符指定多个关键字，比如 Keywords = Keywords.General | Keywords.PrimeOutput）。

事件分为 5 个级别：

- LogAlways——总是记录日志，不管事件设为什么级别。
- Critical——非常严重的错误，可能预示着程序无法安全恢复。
- Error——普通的错误。
- Warning——算不上是错误，但可能需要处理。

- Informational——只是一条信息而已，不表示错误。
- Verbose——大部分情况下都不需要记录日志；只在调试某个特定问题，或者在某种特定模式下运行时，才会有用。

这些级别是向上包含的，指定某个日志级别意味着你会收到该级别以上的所有事件。比如指定了 Warning 级别，那么 Error、Critical、LogAlways 级别的事件也都会收到。

事件体的代码比较简单。检查是否启用（这一步大多是为了优化性能）。如果已经启用，就调用 WriteEvent 方法（继承自 EventSource），参数为事件的 ID 和你传入事件的各个参数。

注意

请勿尝试记录 null。因为 null 不带类型信息，EventSource 不知道如何正确解析。这种情况在参数为字符串时最为常见，请检查 null 并给出一个合适的缺省值。

```
[Event(5, Level = EventLevel.Informational, Keywords = Keywords.General)]
public void Error(string message)
{
  if (IsEnabled())
  {
    WriteEvent(5, message ?? string.Empty);
  }
}
```

如果要写入事件，只要执行如下操作即可。

```
Events.Write.ProcessingStart();
Events.Write.FoundPrime(7);
```

8.2 在 PerfView 中使用自定义事件

现在你的应用程序将会生成自己的 ETW 事件了，你可以用任何 ETW 侦听软件来捕获这些事件，比如 PerfView（甚至可以是 Windows 自带的 PerfMon）。

如果要用 PerfView 捕获自定义事件，需要把事件名称加上“*”前缀放入 Collect 窗口的“Additional Providers”文本框中，如图 8-1 所示。

填入“*EtlDemo”就能让 PerfView 自动计算 GUID，本章之前提到过。你可以单击“Additional Providers”的标题链接，查看更多信息，如图 8-1 所示。

开始样本数据收集，运行 EtlDemo，然后适时按下“Stop Collection”按钮。等待事件完成记录后，打开“Events”节点。你会看到所有被捕获的事件列表，包括以下几个。

- EtlDemo/FoundPrime。
- EtlDemo/ManifestData。
- EtlDemo/ProcessingStart。

- EtlDemo/ProcessingFinish。

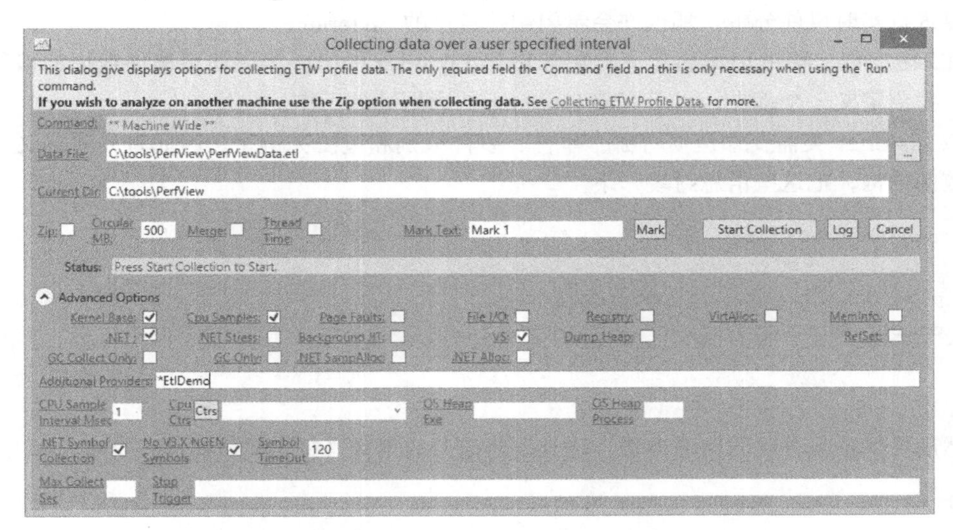

图 8-1 PerfView 的 Collect 窗口，输入 Additional Providers

如果高亮选中列表中的所有事件，再单击“Update”按钮刷新视图，你就能够看到如图 8-2 所示的表格。

EtlDemo/ProcessingStart	2,701.303	EtlDemo (8296)	ThreadID="8,556"
Microsoft-Windows-DotNETRuntime/Method/JittingStarted	2,701.345	EtlDemo (8296)	HasStack="True" ThreadID="8,556"
Microsoft-Windows-DotNETRuntime/Method/LoadVerbose	2,701.424	EtlDemo (8296)	HasStack="True" ThreadID="8,556"
Microsoft-Windows-DotNETRuntime/Method/JittingStarted	2,701.466	EtlDemo (8296)	HasStack="True" ThreadID="8,556"
Microsoft-Windows-DotNETRuntime/Method/LoadVerbose	2,701.975	EtlDemo (8296)	HasStack="True" ThreadID="8,556"
Windows Kernel/PerfInfo/SampleProf	2,702.102	EtlDemo (8296)	HasStack="True" ThreadID="8,556"
Microsoft-Windows-DotNETRuntime/Method/JittingStarted	2,702.342	EtlDemo (8296)	HasStack="True" ThreadID="8,556"
Microsoft-Windows-DotNETRuntime/Method/LoadVerbose	2,702.533	EtlDemo (8296)	HasStack="True" ThreadID="8,556"
EtlDemo/FoundPrime	2,702.564	EtlDemo (8296)	ThreadID="8,556" primeNumber="C
Microsoft-Windows-DotNETRuntime/Method/JittingStarted	2,702.596	EtlDemo (8296)	HasStack="True" ThreadID="8,556"
Windows Kernel/PerfInfo/SampleProf	2,703.167	EtlDemo (8296)	HasStack="True" ThreadID="8,556"
Microsoft-Windows-DotNETRuntime/Method/LoadVerbose	2,703.191	EtlDemo (8296)	HasStack="True" ThreadID="8,556"
EtlDemo/FoundPrime	2,704.007	EtlDemo (8296)	ThreadID="8,556" primeNumber="C

图 8-2 经过排序的 Windows、.NET 和程序自定义事件列表

以上表格把自定义事件和所有其他事件放在同一个上下文中显示。你会发现 JIT 事件在 FoundPrime 事件之前发生。这意味着某些 ETW 智能分析的能力可以十分强大。你可以在自己的程序运行场景中进行非常精细的性能分析。本章后续会演示一个简单的实例。

8.3 创建自定义 ETW 事件 Listener

大部分程序都不需要创建自己的 ETW Listener。定义自己的事件并用 PerfView 之类的

程序进行数据收集分析，几乎能满足你的全部需要了。不过如果你需要自定义日志记录功能，或者要进行实时事件分析，那也许会希望创建自己的 Listener。

在.NET 中，事件 Listener 是派生自 EvenListener 的类。为了演示事件数据的多种处理方式，我会定义一个基类，用于完成 Listener 的通用处理工作。

该 Listener 类需要知道侦听哪个事件、事件级别和过滤关键字，因此首先要定义一个简单的数据结构，把这些信息封装一下。

```
class SourceConfig
{
  public string Name { get; set; }
  public EventLevel Level { get; set; }
  public EventKeywords Keywords { get; set; }
}
```

然后可以定义自己的构造方法，建立上述信息的集合（每个成员对应一个事件源）。

```
abstract class BaseListener : EventListener
{
  List<SourceConfig> configs = new List<SourceConfig>();
  protected BaseListener(
    IEnumerable<SourceConfig> sources)
  {
    this.configs.AddRange(sources);

    foreach (var source in this.configs)
    {
      var eventSource = FindEventSource(source.Name);
      if (eventSource != null)
      {
        this.EnableEvents(eventSource,
                  source.Level,
                  source.Keywords);
      }
    }
  }

  private static EventSource FindEventSource(string name)
  {
    foreach (var eventSource in EventSource.GetSources())
    {
      if (string.Equals(eventSource.Name, name))
      {
        return eventSource;
      }
```

```
      }
      return null;
    }
  }
```

把事件源保存到内部 List 后，遍历并查找名称相符的 EventSource。只要找到 1 个，就调用继承而来的 EnableEvents 方法进行订阅。

但还没有结束。EventSource 有可能是在 Listener 创建之后才生成的。为此我们可以重写 OnEventSourceCreated 方法并进行必要的检查，看看新出现的 EventSource 是否需要侦听。

```
protected override void OnEventSourceCreated(EventSource eventSource)
{
  base.OnEventSourceCreated(eventSource);

  foreach (var source in this.configs)
  {
    if (string.Equals(source.Name, eventSource.Name))
    {
      this.EnableEvents(eventSource, source.Level, source.Keywords);
    }
  }
}
```

最后还需要处理 OnEventWritten 事件，每当 ETW 事件源为当前 Listener 写入新 ETW 事件时都会调用 OnEventWritten。

```
protected override void OnEventWritten(EventWrittenEventArgs eventData)
{
  this.WriteEvent(eventData);
}

protected abstract void WriteEvent(EventWrittenEventArgs eventData);
```

我在这里只是定义了一个抽象方法，由它担当重任完成实际的输出工作。

定义多种 Listener 类型，各自以不同的方式展示事件数据，这是一种常见的做法。我为上述例子定义了一种把信息输出到控制台的 Listener，还定义一种写入文件的。

ConsoleListener 类如下所示：

```
class ConsoleListener : BaseListener
{
  public ConsoleListener(
    IEnumerable<SourceConfig> sources)
```

```
      :base(sources)
    {
    }

    protected override void WriteEvent(EventWrittenEventArgs eventData)
    {
      string outputString;
      switch (eventData.EventId)
      {
        case Events.ProcessingStartId:
          outputString = string.Format("ProcessingStart ({0})",
                         eventData.EventId);
          break;
        case Events.ProcessingFinishId:
          outputString = string.Format("ProcessingFinish ({0})",
                         eventData.EventId);
          break;
        case Events.FoundPrimeId:
          outputString = string.Format("FoundPrime ({0}): {1}",
                         eventData.EventId,
                         (long)eventData.Payload[0]);
          break;
        default:
          throw new InvalidOperationException("Unknown event");
      }
      Console.WriteLine(outputString);
    }
  }
```

EventId 属性可以确定需要查找的事件。不幸的是，要想获取事件的 ID 没有事件名称那么简单，但通过前期的一些工作也许可以得到，后续你会看到获取 ID 的方法。Payload 属性给出了一个数组，包含了一开始传入事件的数据。

FileListener 稍稍复杂一些。

```
class FileListener : BaseListener
{
  private StreamWriter writer;

  public FileListener(IEnumerable<SourceConfig> sources, string outputFile)
    :base(sources)
  {
    writer = new StreamWriter(outputFile);
  }
```

```
  protected override void WriteEvent(EventWrittenEventArgs eventData)
  {
    StringBuilder output = new StringBuilder();
    DateTime time = DateTime.Now;
    output.AppendFormat("{0:yyyy-MM-dd-HH:mm:ss.fff} - {1} - ",
            time, eventData.Level);
    switch (eventData.EventId)
    {
      case Events.ProcessingStartId:
        output.Append("ProcessingStart");
        break;
      case Events.ProcessingFinishId:
        output.Append("ProcessingFinish");
        break;
      case Events.FoundPrimeId:
        output.AppendFormat("FoundPrime - {0:N0}",
                eventData.Payload[0]);
        break;
      default:
        throw new InvalidOperationException("Unknown event");
    }
    this.writer.WriteLine(output.ToString());
  }

  public override void Dispose()
  {
    this.writer.Close();

    base.Dispose();
  }
}
```

以下代码片段来自于 EtlDemo 项目，演示了对以上两种 Listener 的使用，用它们监听不同关键字和级别的事件。

```
var consoleListener = new ConsoleListener(
  new SourceConfig[]
  {
    new SourceConfig(){
        Name = "EtlDemo",
        Level = EventLevel.Informational,
        Keywords = Events.Keywords.General}
  });

var fileListener = new FileListener(
```

```
    new SourceConfig[]
    {
      new SourceConfig(){
          Name = "EtlDemo",
          Level = EventLevel.Verbose,
          Keywords = Events.Keywords.PrimeOutput}
    },
    "PrimeOutput.txt");

  long start = 1000000;
  long end = start + 10000;

  Events.Write.ProcessingStart();
  for (long i = start; i < end; i++)
  {
    if (IsPrime(i))
    {
      Events.Write.FoundPrime(i);
    }
  }

  Events.Write.ProcessingFinish();
  consoleListener.Dispose();
  fileListener.Dispose();
```

这里首先创建了上面的两类 Listener，并订阅到不同的事件集合中。然后记录一些事件并让程序跑起来。

控制台输出如下：

```
ProcessingStart (1)
ProcessingFinish (2)
```

输出的日志文件将包含如下几行信息：

```
2014-03-08-15:21:31.424 - Informational - FoundPrime - 1,000,003
2014-03-08-15:21:31.425 - Informational - FoundPrime - 1,000,033
2014-03-08-15:21:31.425 - Informational - FoundPrime - 1,000,037
```

8.4　获取 EventSource 的详细信息

如果留意一下上面几段代码，你会发现一些有趣的事情，我们自定义的事件 Listener 不知道所接收事件的名称，但 PerfView 却不知为何知道。因为每个 EventSource 都带有自己的说明信息（Manifest），所以事件名称是有可能知晓的。Manifest 就是 XML 格式的事件源说明书。用.NET 很容易就能由 EventSource 类生成 Manifest 信息。

```
string xml =
   EventSource.GenerateManifest(typeof(Events), string.Empty);
```

以下就是我们之前定义的事件对应的 Manifest：

```
<instrumentationManifest
xmlns="http://schemas.microsoft.com/win/2004/08/events">
 <instrumentation xmlns:xs="http://www.w3.org/2001/XMLSchema"
xmlns:xsi="http://www.w3.org/2001/XMLSchema-instance"
xmlns:win="http://manifests.microsoft.com/win/2004/08/windows/events">
  <events xmlns="http://schemas.microsoft.com/win/2004/08/events">
<provider name="EtlDemo" guid="{458d4a63-7cc9-5239-62c4-f8aebbe597ac}"
resourceFileName="" messageFileName="" symbol="EtlDemo">
 <tasks>
  <task name="FoundPrime" value="65531"/>
  <task name="ProcessingFinish" value="65532"/>
  <task name="ProcessingStart" value="65533"/>
 </tasks>
 <opcodes>
 </opcodes>
 <keywords>
  <keyword name="General"  message="$(string.keyword_General)" mask="0x1"/>
  <keyword name="PrimeOutput"  message="$(string.keyword_PrimeOutput)"
mask="0x2"/>
 </keywords>
 <events>
  <event value="1" version="0" level="win:Informational" keywords="General"
task="ProcessingStart"/>
  <event value="2" version="0" level="win:Informational" keywords="General"
task="ProcessingFinish"/>
  <event value="3" version="0" level="win:Informational"
keywords="PrimeOutput" task="FoundPrime" template="FoundPrimeArgs"/>
 </events>
<templates>
  <template tid="FoundPrimeArgs">
   <data name="primeNumber" inType="win:Int64"/>
  </template>
 </templates>
</provider>
</events>
</instrumentation>
<localization>
 <resources culture="en-US">
```

```
    <stringTable>
     <string id="keyword_General" value="General"/>
     <string id="keyword_PrimeOutput" value="PrimeOutput"/>
    </stringTable>
   </resources>
  </localization>
  </instrumentationManifest>
```

.NET 会为你执行一些幕后操作，检查类型并生成 Manifest。如果想把日志系统做得更为强大一些，你可以解析 XML 获取事件名称，并与所有参数的 ID 和类型关联起来。

8.5　自定义 PerfView 分析插件

用已有工具来捕获并查看事件已经足够好用了，你也许永远都不会有更高级的需求。但如果要自动进行深度的性能分析，最容易的途径之一就是分析 ETW 数据，而把 PerfView 用作分析 ETW 的引擎则是最为容易的方案。你可以用 PerfView 分析事件的原始数据流，但真正强大之处在于其令人惊叹的分组和折叠显示功能，可用来生成已过滤的、有意义的程序堆栈信息。

为了帮助你着手开发插件，PerfView 自带了示例项目，其实是嵌在可执行文件中的。如果要生成解决方案示例，在命令行键入以下命令即可。

```
PerfView.exe CreateExtensionProject MyProjectName
```

这样就会生成解决方案文件、项目文件和示例源代码文件，通过完成一些示例就可以开始插件的开发工作。通过这些示例，你可以进行以下一些工作。

- 创建报告显示哪个程序集的 CPU 占用率最高，这项工作其实已经生成了一个演示用的命令。
- 自动进行 CPU 分析并输出 XML 文件，按照一定的标准把程序中开销最大部分的调用栈显示出来。
- 创建你最常用的包含复杂折叠和分组样式的视图。
- 为某个特定的操作创建一个内存分配情况视图，这个操作由自定义 ETW 事件来给出。

通过自定义插件和 PerfView 命令行模式（没有 GUI），你很容易就能创建一个脚本化的分析工具，为你最关注的部分生成易于分析的报告。

以下例子分析了 EtlDemo 例程中 FoundPrime 事件的发生频率。我首先使用 PerfView 的普通收集功能捕获事件，在“Additional Provider”框中用到了“*EtlDemo”。

```
public void AnalyzePrimeFindFrequency(string etlFileName)
{
```

```
using (var etlFile = OpenETLFile(etlFileName))
{
  var events = GetTraceEventsWithProcessFilter(etlFile);

  const int BucketSize = 10000;
  //每个成员都代表了找到 BucketSize 个 prime 所花的时间
  List<double> primesPerSecond = new List<double>();

  int numFound = 0;
  DateTime startTime = DateTime.MinValue;

  foreach (TraceEvent ev in events)
  {
    if (ev.ProviderName == "EtlDemo")
    {
      if (ev.EventName == "FoundPrime")
      {
        if (numFound == 0)
        {
          startTime = ev.TimeStamp;
        }

        var primeNumber = (long)ev.PayloadByName("primeNumber");
        if (++numFound == BucketSize)
        {
          var elapsed = ev.TimeStamp - startTime;
          double rate = BucketSize / elapsed.TotalSeconds;
          primesPerSecond.Add(rate);
          numFound = 0;
        }

      }
    }
  }

   var htmlFileName = CreateUniqueCacheFileName(
               "PrimeRateHtmlReport", ".html");
   using (var htmlWriter = File.CreateText(htmlFileName))
   {
     htmlWriter.WriteLine("<h1>Prime Discovery Rate</h1>");
     htmlWriter.WriteLine("<p>Buckets: {0}</p>",
               primesPerSecond.Count);
     htmlWriter.WriteLine("<p>Bucket Size: {0}</p>", BucketSize);
     htmlWriter.WriteLine("<p>");
     htmlWriter.WriteLine("<table border=\"1\">");
```

```
        for (int i = 0; i < primesPerSecond.Count; i++)
        {
          htmlWriter.WriteLine(
            "<tr><td>{0}</td><td>{1:F2}/sec</td></tr>",
            i,
            primesPerSecond[i]);
        }
        htmlWriter.WriteLine("</table>");
      }

      OpenHtmlReport(htmlFileName, "Prime Discovery Rate");
    }
  }
```

你可以用以下命令行运行这个插件：

```
PerfView userCommand MyProjectName.AnalyzePrimeFindFrequency
    PerfViewData.etl
```

插件名称后面的信息会作为参数传入方法。

输出是一个 PerfView 中的窗口，如图 8-3 所示。

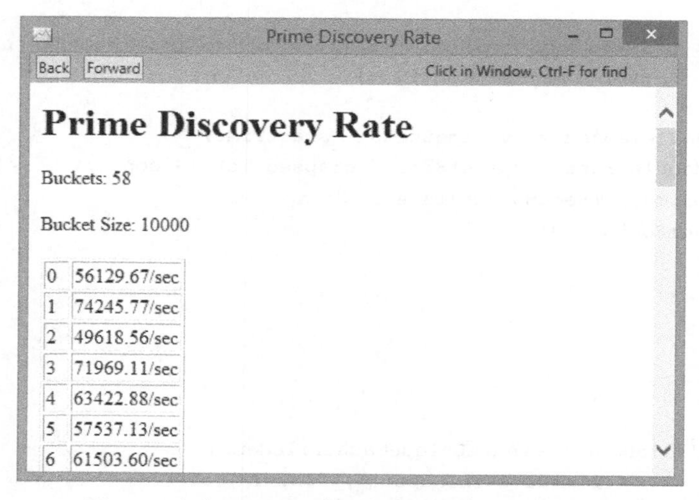

图 8-3　自定义 ETW 分析命令输出的 HTML 结果

请注意，插件功能不是官方支持的 API。PerfView 内部 API 已经发生过重大改变，将来还有可能会发生变化。

8.6 小结

推荐你使用 ETW 事件来记录应用程序的离散性事件。它既可以用于记录日志，也可以用于跟踪分析详细的性能数据。

大部分情况下，PerfView 和其他 ETW 分析工具能够满足你所有的分析需求，但如果想要进行自定义分析，可以创建自己的 PerfView 插件。

第 9 章　Windows Phone

.NET 在 Windows Phone 上同样也在支持着应用程序的运行，本书给出的建议中大部分也适用于移动端应用。随着.NET 版本的推陈出新，全平台通用的 API 也越来越多了。

尽管如此，桌面端和移动端多少还是有一些需要你注意的区别。本章的所有内容适用于 Windows Phone 8，这个版本中的 CLR 与桌面端或服务器端基本一致，只是有些配置参数稍有差别。

9.1　评估工具

Windows Phone SDK 中附带了一个工具软件 Windows Phone Application Analysis，可以按照一定的标准评估应用程序的性能。根据需要显示的信息类型，它可以采用几种不同的模式运行，如图 9-1 所示。

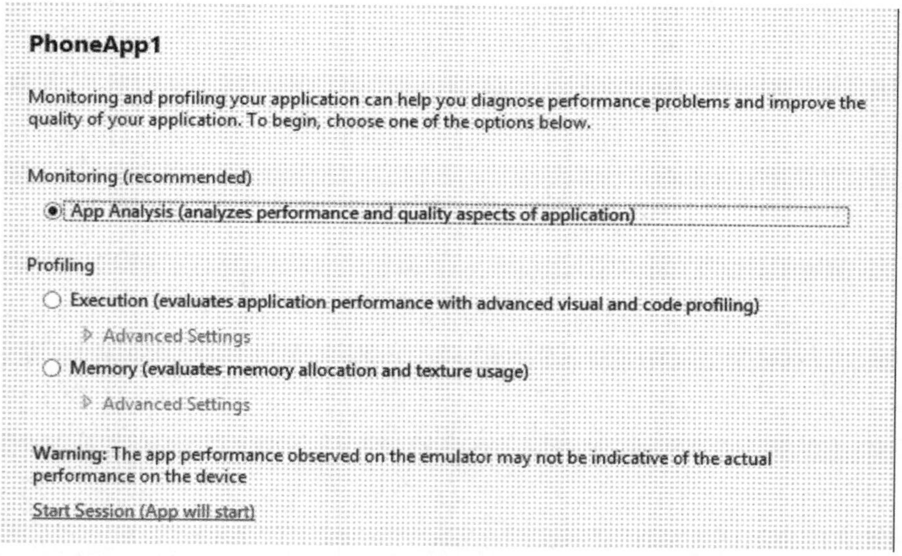

图 9-1　Application Analysis 既能用于评测常规性能指标，
又能对 CPU 或内存进行较为深入的跟踪分析

最基本的模式被称为“App Monitor”，可以让你获取一些与用户交互相关的简单信息，比如启动时间、响应时间、电池耗用情况、网络占用情况和资源耗费较高的情况。

你还可以获得详细的 CPU 和内存分析数据。

9.2 垃圾回收和内存

垃圾回收器的工作基本与桌面端相同，但内存段尺寸会较小，这是考虑到移动端的内存一般都没桌面端那么大。而且不支持后台垃圾回收（也不支持服务器模式的垃圾回收，不过这不言而喻）。

应用程序可用内存数量将受到明确的限制。在标准设备上，.NET 应用程序的最大可用内存为 300MB。后台任务则更是限制在约 20MB 以下（在内存配置较少的设备上为 11MB）。内存使用超过上限的应用程序可能会被操作系统立即终止。根据应用和硬件的不同，这些内存上限可能会不一样，将来版本更新时也可能会发生变化。最新的信息请参阅 http://www.writinghighperf.net/go/31。

尽量缩小程序占用的静态资源，将对减少内存占用大有裨益。请记住，通常大部分资源你都可以采用能够接受的较低分辨率版本，比如图片、音频、文档等。请使用能够接受的最低分辨率，当然也得考虑电话的屏幕分辨率等特性确实将会逐渐提高。

你应该记住的主要原则就是，在移动设备上必须对内存占用情况施加更多的关注。桌面端都带有几个 GB 的内存，再加上庞大的内存分页文件，对内存的限制会比移动设备宽容得多。

9.3 JIT

在移动设备上，程序的启动速度尤为重要。如果应用程序无法在短时间内进入运行状态，那很快就会被拥挤不堪的手机应用市场所淘汰。

在 Windows Phone 8 之前的版本中，应用程序会在第一次运行时进行 JIT 编译，与桌面版的 CLR 类似。这个过程比较漫长，而且会消耗过多的电量。还好 Windows Phone 8 引入了云端编译。所有应用程序现在可以先在应用商店（Windows Phone Store）中进行预编译，然后再被推送到设备上。

云端预编译与 NGEN 不一样。NGEN 是针对某个设备的，和实际的硬件和当前 Framework 版本相关。而在应用商店中对所有可能的软硬件组合都创建本机映像文件是不切实际的。也许是可以假定 NGEN 会在移动设备上运行，但这也意味着操作系统或.NET 的每次升级，所有应用都得用 NGEN 重新编译一遍。这样应用程序的升级时间就会大大增加，还有可能耗尽电池的电量。

云端编译引入了另一种映像格式，叫做设备相关中间语言（Machine Dependent Intermediate Language，MDIL）。MDIL 与最终的汇编代码十分相似，将实际运行于移动设备的处理器中。但 MDIL 并不用内存偏移地址来表示成员字段，而是使用了标识符（Token）。

当用 MDIL 表示的半成品映像下载到设备中后，只需要把这些 Token 替换为实际的内存地址即可，这个过程被称为“绑定”（Binding）。你可以把这种绑定过程理解为编译本机代码时的链接（Link）操作。

请把图 9-2 中的流程图与第 3 章的正常 JIT 编译流程图做一下对比。

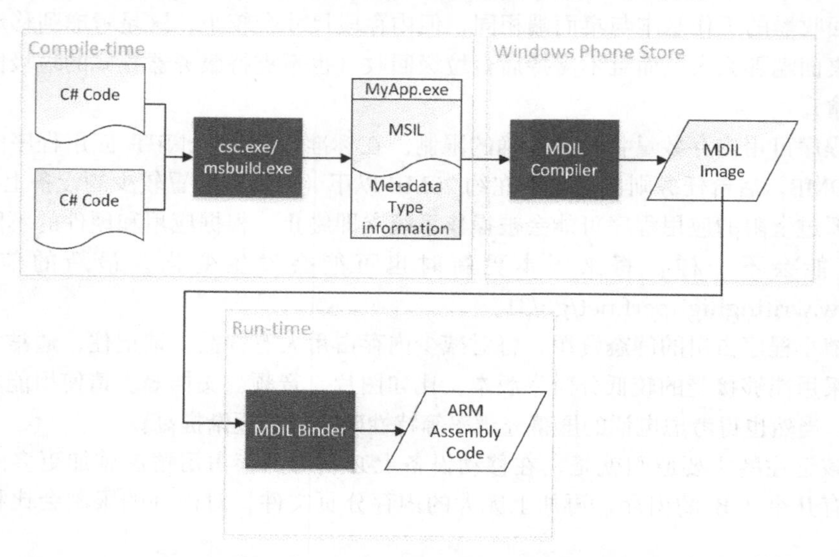

图 9-2　Windows Phone 应用程序的部署过程。在实际运行之前，需要经过多个编译阶段

上述做法好处十分明显。

- 最大程度缩短 JIT 编译的耗时。
- 不需要在移动端运行 NGEN。
- 每次操作系统更新时，不需要重新下载本机映像。
- 降低电量消耗。
- 加快应用程序升级的速度。

9.4　异步编程和内存模式

第 4 章提到的全部异步 API 在 Windows Phone 上都可以使用，但桌面端和移动端之间的一些明显差异，可能会影响应用程序的编写方式。

对于普通的异步编程，我还是推荐使用 Task API，但 Windows Phone 也同时提供了 BackgroundWorker 类，将线程池工作线程进行封装并加入了与 UI 有关的特性。BackgroundWorker 适用于后台任务，可定期通知 UI 更新状态。

移动端的处理器数量通常都会少于桌面和服务器端。在编写本书时，大部分中高端移动设备都有 2～4 个处理器。

也许在处理器上的最重要区别就是，很多移动设备（如 Windows Phone 和 Surface RT）使用的是 ARM 处理器，内存使用模式和你习惯的 x86 及 x64 处理器大不一样。

正如第 4 章所述，如果线程同步代码存在 Bug，那么内存模式会带来很大影响。如果在桌面版和移动端使用同一套代码，那桌面端很可能不会有问题。但移植到 ARM 平台中之后，代码中存在的竞态条件就可能会立刻表现出来，可能是数据错误，也可能是随机出现的应用程序崩溃。请确保按照第 4 章描述的方式，正确运用 volatile、Interlocked 的方法和线程同步对象，你应该防止任何问题的发生。

9.5 其他问题

请时刻注意，CPU 占用率越高，电池支撑的时间就越短。请利用本章提及的各种工具监测 CPU 占用情况，并进行修正。

在使用系统资源时，请尽可能地加快速度、减少数量。比如 Windows Phone 操作系统经常会关闭无线传输部件，所以在发起网络请求时，请批量处理、并行发送，以便无线传输部件能够尽快关闭，节省电池的电力。

最后一点，对于所有 UI 应用程序而言，你无论如何都应该避免阻塞 UI 线程。一定要把长时间运行的操作显式放入单独的 Task 中，或者采用 BackgroundWorker 类。你还需要理解 XAML 的性能特点，这已超出了本书的讨论范围（更多参考信息请参阅本书所附的参考文献）。

9.6 小结

大部分的常规.NET 编程建议同样适用于 Windows Phone，但你必须得注意其较弱的硬件处理能力和不同的代码运行架构。在 ARM 架构下，很多种类的线程同步 Bug 都会更容易暴露出来。

相对桌面端而言，开发移动端软件受到的限制会增加很多。按照本书给出的最佳实践方案，你应对限制的能力将会得到明显提升。如果要查看 Windows Phone 应用程序所需的全部认证条件，请参阅 http://www.writinghighperf.net/go/37/。

第 10 章　代码安全性

在软件工程界有一句古老的谚语："正确第一、速度第二。"本书大部分内容都只关注性能问题，但本章会谈一点其他的重要议题，虽然不单纯与性能有关，但可能有助于你对高性能、高扩展性应用程序的孜孜以求。为保证代码稳定可靠而采取的一些良好做法，能让你更大胆地为提高性能而进行大幅修改。如果真的碰到了性能问题，你将会更容易缩小问题的查找范围。

10.1　充分理解底层的操作系统、API 和硬件

深度的性能优化与你施加到代码上的所有逻辑抽象都会有冲突。本书已多次提到，为了能明智地决定是否使用、如何使用，你必须对你用到的所有 API 进行充分的理解。

但这还远远不够。就拿线程来说。虽然各个版本的.NET Framework 都对多线程池进行了抽象，以便简化异步程序的编写，但要想完全用好经过抽象的线程池，你得理解其与底层操作系统线程的关联，以及线程调度算法。在调试内存问题时同样如此。GC 堆的情况是很容易查看，但如果进程很庞大，从数百个程序集中加载了数千个类型，你的问题可能出现在纯托管环境之外，那你就需要理解整个进程的全部内存分布情况。

最后一点，硬件也很重要。在第 3 章里，我提到了引用的就近访问可能性，在内存中把二进制代码及其用到的数据就近存放，这样就可以高效地放入处理器缓存中。如果运气够好，你的代码只需要面对一种硬件平台，否则你就需要了解各种硬件环境下代码执行方式的差异。也许是内存限制不同，或者缓存大小不一样，甚至可能是更为巨大的差异（比如完全不同的内存模型）。

10.2　把 API 调用限制在一定范围的代码内

让所有程序组件都直接使用全部的 Framework 或系统 API，这是完全没有道理的。比如你要严格采用 Task 处理模式，那就把所有功能代码集中在一起，不要再从其他模块中访问 System.Threading 命名空间的任何 API。

对于拥有插件模式的应用系统而言，本书提到的这些设计规则尤为重要。你通常希望由主平台来执行所有复杂、危险的代码，而插件只会执行一些简单的、各自功能范围内的操作。

FxCop 就是一个帮助你强行遵守这些设计规则的优秀工具，这是一个 Visual Studio 自带的免费静态代码分析工具。FxCop 自带了几类标准的检查规则，比如"Performance""Globalization""Security"等，但你可以添加自定义规则库。本书中讨论过的很多性能规则都可以用 FxCop 的分析规则来表示。比如：

- 防止使用"危险性"命名空间。

- 禁止使用 Regex，特别是不当使用。
- 禁止使用会造成 LOH 内存分配的类或 API。
- 禁止使用有更好选择的 API，比如用 TryParse 替代 Parse。
- 查找存在二次类型转换（Double-casting）的实例。
- 查找发生装箱操作的实例。

在开始编写自己的检查规则之前，请注意 FxCop 只能对 IL 和元数据进行分析，而不认识 C#或其他高级语言。因此，你无法对高级语言相关的模式进行静态检查。自定义 FxCop 规则的编写非常简单，但缺少官方文档。你只能依靠对 IL 的分析，并充分利用 IntelliSense 来掌握 FxCop API。IL 的知识越丰富，你能开发的规则就越复杂。

首先你得安装 FxCop SDK，可这真不该有这么麻烦。如果是 Visual Studio Professional 以上版本，那么就已经包含了 FxCop，是被包装在 IDE 的“代码分析[①]”功能里，但底层还是 FxCop。在我的机器上，相关文件存放在 C:\Program Files (x86)\Microsoft Visual Studio 11.0\Team Tools\Static Analysis Tools\FxCop 目录下。

如果你无法获取合适的 Visual Studio 版本，还有一些其他办法。最简单的就是从 CodePlex 下载 http://www.writinghighperf.net/go/32。如果你读到本书时发现 CodePlex 上没有这个项目了，那就试试 Windows 7.1 SDK，好像 Web 安装程序现在失效了，但可以从 http://www.writinghighperf.net/go/33 获取 ISO 镜像，再从\Setup\WinSDKNetFxTools\cab1.cab 中找到一个 WinSDK_FxCopSetup.exe 开头的文件，解压出来改名为 FxCopSetup.exe，这样你就得手了。

在本书附带的源码中，你能找到几个与 FxCop 相关的项目。为了避免破坏其他示例项目的编译过程，这几个项目都带有自己的解决方案文件。FxCopRules 包含了可由 FxCop 引擎加载的规则，可对一些程序集进行分析。FxCopViolator 包含了一个类，其中有几个与规则冲突的地方可供测试。下面我就来逐一解释这几个项目的各个部分。

在建立规则之前，你可能需要编辑 FxCopRules.csproj 文件来设置正确的 SDK 路径。当前值为：

```
<PropertyGroup>
  <FxCopSdkDir>C:\Program Files (x86)\Microsoft Fxcop 10.0</FxCopSdkDir>
</PropertyGroup>
<ItemGroup>
  <Reference Include="$(FxCopSdkDir)\FxCopSdk.dll" />
  <Reference Include="$(FxCopSdkDir)\Microsoft.CCi.dll" />
</ItemGroup>
```

请让 FxCopSdkDir 指向正确的 FxCop 安装路径，或者存放相关 DLL 的地方。

接下来，你得创建一个 Rules.xml 文件，包含了每条规则的元数据。第 1 条规则如下所示：

---

① Visual Studio 2013 的“代码分析”功能位于“分析”菜单中。

```
<?xml version="1.0" encoding="utf-8" ?>
<Rules FriendlyName="Custom Rules">
  <Rule TypeName="DisallowStaticFieldsRule"
    Category="Custom.Arbitrary"
    CheckId="HP100">
  <Name>Static fields are not allowed</Name>
  <Description>Static fields are not allowed because they lead to problems
with thread safety.</Description>
  <Url>http://internaldocumentationsite/FxCop/HP100</Url>
  <Resolution>Make the static field '{0}' either readonly or
const.</Resolution>
  <MessageLevel Certainty="90">Error</MessageLevel>
  <FixCategories>Breaking</FixCategories>
  <Email>feedback@high-perf.net</Email>
  <Owner>Ben Watson</Owner>
  </Rule>
</Rules>
```

请注意TypeName属性必须和下面定义的规则类名一致。上述XML文件必须包含在项目中，并在“生成操作”属性中设为“嵌入的资源”。我们定义的每条规则都必须派生自 FxCop SDK 给出的某个规则类，里面包含了一些公共信息（如 XML 规则 Manifest 文件的位置）。为了便于使用，为自己的所有规则创建一个基类是个不错的做法，这样公共功能就可以统一提供了。

```
using Microsoft.FxCop.Sdk;
using System.Reflection;

namespace FxCopRules
{
  public abstract class BaseCustomRule : BaseIntrospectionRule
  {
    // Manifest 名称是默认命名空间名称加上不带扩展名的 XML 规则文件名
    private const string ManifestName = "FxCopRules.Rules";

    // 嵌有 Manifest 信息的程序集（这里用的是当前程序集）
    private static readonly Assembly ResourceAssembly =
                      typeof(BaseCustomRule).Assembly;

    protected BaseCustomRule(string ruleName)
      :base(ruleName, ManifestName, ResourceAssembly)
    {
    }
  }
}
```

然后，定义一个 BaseCustomRule 的派生类，用于某个需要检查的规则。第 1 个例子将禁用所有的静态字段，但常量和只读字段除外。

```
public class DisallowStaticFieldsRule : BaseCustomRule
{
  public DisallowStaticFieldsRule()
    : base(typeof(DisallowStaticFieldsRule).Name)
  {
  }
  public override ProblemCollection Check(Member member)
  {
    var field = member as Field;
    if (field != null)
    {
      // Find all static data that isn't const or readonly
      if (field.IsStatic && !field.IsInitOnly && !field.IsLiteral)
      {
        // field.FullName 是可选参数
        // 用于格式化 Resolution 的{0}参数
        var resolution = this.GetResolution(field.FullName);
        var problem = new Problem(resolution, field.SourceContext);
        this.Problems.Add(problem);
      }
    }
    return this.Problems;
  }
}
```

BaseCustomRule 类提供了若干个 Check 虚方法，可用不同类型的参数进行重写，你可以用来实现自己的功能（这些方法默认不做任何操作）。编写规则时，IntelliSense 会是你的好帮手，能够暴露出以下 Check 方法。

- Check(ModuleNode moduleNode)。
- Check(Parameter parameter)。
- Check(Resource resource)。
- Check(TypeNode typeNode)。
- Check(string namespaceName, TypeNodeCollection types)。

你还可以查看每个方法的每行 IL 代码。以下是禁止字符串大小写转换的规则。

```
public class DisallowStringCaseConversionRule : BaseCustomRule
{
  public DisallowStringCaseConversionRule()
    : base(typeof(DisallowStringCaseConversionRule).Name)
```

```
{ }

public override ProblemCollection Check(Member member)
{
  var method = member as Method;
  if (method != null)
  {
    foreach (var instruction in method.Instructions)
    {
      if (instruction.OpCode == OpCode.Call
        || instruction.OpCode == OpCode.Calli
        || instruction.OpCode == OpCode.Callvirt)
      {
        var targetMethod = instruction.Value as Method;
        if (targetMethod.FullName == "System.String.ToUpper"
          || targetMethod.FullName == "System.String.ToLower")
        {
          var resolution = this.GetResolution(method.FullName);
          var problem = new Problem(resolution,
                    method.SourceContext);
          this.Problems.Add(problem);
        }
      }
    }
  }

  return this.Problems;
}
}
```

最后一个例子，我们来看看让 FxCop 剖析代码的另一种方法。除了上面的 Check 方法之外，你还可以重写一堆的 Visit*方法。Visit*方法将从你指定的位置开始，递归遍历每个程序分支。你只要按需重写 Visit*方法。下面给出一个使用 Visit*方法的例子，添加了一条禁止实例化 Thread 对象的规则。

```
public class DisallowThreadCreationRule : BaseCustomRule
{
  public DisallowThreadCreationRule() :
base(typeof(DisallowThreadCreationRule).Name) { }

  public override ProblemCollection Check(Member member)
  {
    var method = member as Method;
    if (method != null)
```

```
      {
        VisitStatements(method.Body.Statements);
      }

      return base.Check(member);
    }

    public override void VisitConstruct(Construct construct)
    {
      if (construct != null)
      {
        var binding = construct.Constructor as MemberBinding;
        if (binding != null)
        {
          var instanceInitializer =
                binding.BoundMember as InstanceInitializer;
          if (instanceInitializer.DeclaringType.FullName
            == "System.Threading.Thread")
          {
            var problem = new Problem(this.GetResolution(),
                          construct.SourceContext);
            this.Problems.Add(problem);
          }
        }
      }

      base.VisitConstruct(construct);
    }
  }
```

只要你明白了工作原理，这个例子相当浅显易懂。创建自定义规则的最大障碍其实是缺少文档。如果要学习 FxCop 自定义规则的更多内容 ，请欣赏 Jason Kresowaty 的精彩演绎（http://www.writinghighperf.net/go/34）。

10.3 把性能要求很高、难度很大的代码集中起来并加以抽象

为了便于代码维护，也为了防止程序其他部分发生影响性能的失误，你应该把难度特别大、性能要求很高的代码集中在一起。这条规则要比知名的 DRY（Don't Repeat Yourself）原则更为有力。（DRY 就是避免重复，不要让相同的代码出现两次，通过重构实现只存在一份可重用的代码。）

就算是为了维护方便，你也应该尽可能把性能要求很高的代码放在一起，最好是隐藏在供应用程序其他部分调用的自建 API 背后。比如应用程序要通过 HTTP 下载文件，你可以把

这个过程封装为一个下载专用 API，只暴露使用时必须知道的下载信息（比如请求的 URL 和下载好的内容）。这个下载专用 API 负责处理 HTTP 调用的复杂细节，整个应用程序在需要进行 HTTP 调用时都通过这个下载专用 API 来完成。如果发现下载过程出现性能问题，或者需要实现下载队列等，都可以轻松地在下载专用 API 里面完成。请记住这些自建 API 需要保证操作的异步性。

10.4　把非托管代码和不安全代码隔离出来

出于多种因素考虑，你应该尽最大可能地把非托管代码移除掉。正如在第 1 章中所述，非托管代码的好处经常被夸大，但内存出错的危险却完全是事实。

也就是说，如果你不得不保留非托管代码（意思是要和旧系统交互，把所有接口迁移为托管代码的代价过于高昂），那么请妥善地进行隔离。隔离的方式有很多，但你绝对应该避免让你的程序随处调用非托管代码，这会造成混乱。

比较理想的方案是，把非托管代码分离出来放入自己的进程中，实现严格的操作系统级别的隔离。如果做不到进程级的隔离，而且你也需要让非托管代码与托管代码加载到同一进程中，那么请尽可能把非托管代码限制在几个 DLL 中，对这些非托管代码的所有调用都得通过集中在一起的自建 API 来完成，可以由这些自建 API 强行实现规范的安全防护措施。

请将标记为 unsafe 的托管代码也视为非托管代码，也要尽可能地把它们限制在较小的范围内。你还需要在项目的设置中启用不安全代码选项。

10.5　除非有证据证明，不然代码清晰度比性能更重要

除非有证据证明，否则代码的可读性和可维护性要比性能重要得多。如果你发现真的需要为提高性能对代码做出深度的调整，请尽量采用对上层代码透明的方式进行，尽可能保持上层代码的清晰可读。

如果你真的为了提高性能而损害了代码的可读性，请务必在代码中注明原因，以便之后看到它的开发人员不会为了简化代码而清理掉你这段精巧的代码。

10.6　小结

为了确保代码的安全性，你必须理解所有层面的实现细节。为了限制最高风险代码的暴露程度，特别是本机代码和不安全代码，请把它们隔离出来放入独立的模块中。禁止使用那些容易产生问题的 API 和编程模式，请强制推行合理的编码规范以促进低风险的开发方式。用 FxCop 或其他静态分析工具，来确保这种模式的实现。不要牺牲代码的清晰度和可维护性来换取性能，除非有特别的理由。

第 11 章　建立追求性能的开发团队

大部分有意思的软件产品都不是由一个人完成的。很有可能你只是团队中的一员，正在尝试开发一些有用的、性能良好的软件。如果你是团队中的性能问题专家，那么你可以做些鼓励其他成员一起追求性能的事情。

本章给出的大部分建议都基于以下前提：你的公司把软件工程当作真正的工程来看待。不幸的是，很多人都会发现他们所处的环境并不理想。如果你也这么觉得，请不要灰心丧气。也许本章给出的这些建议，能够帮助你提升公司对软件工程的鉴赏水平，并提高践行工程的能力。

11.1　了解最影响性能的关键区域

优化不可能面面俱到，这几乎就是定律。让我们回到第 1 章中讨论过的第 1 条原则，评估并发现最影响性能的关键区域。作为一个团队，你们应该形成共识，哪些地方是关键区域，而哪些地方是可以置之不理的。作为工程师，我们都应该以自己的工作为荣，让结果尽善尽美，不存在偷懒的代码。但是商业规则却十分现实，完成任务的时间和人员都受到限制。在这种条件下，你应该花点时间了解系统中有哪些地方是性能关键区域（请记得要**评估、评估、再评估**），然后确保对这些关键区域的实现细节投入更多精力。

性能并非衡量代码优劣的唯一度量标准。在作出决策时，你必须同时考虑到可维护性、可扩展性、安全性和其他重要因素。但是在所有这些因素中，我怀疑性能评估和调优将会占用你更多的时间，因为它是一种持续性的工作。

11.2　有效的测试

本书不是介绍软件测试的，但这是不言而喻的。当你对代码做出重大修改时，在各个层级进行有效测试将会极大地增强你的自信心。如果单元测试已经覆盖到了绝大部分代码，那么即便是对核心算法或者数据结构做出了重大改进（为了能显著提升效率），也不会让你感到心存忧虑。

本书更加强调的是，如果性能真的至关重要，那么你应该利用本书提到的各种工具和技术，对程序进行跟踪分析。正如功能测试一样，你也可以进行性能测试。性能测试可以是很简单，比如分析某个程序组件每秒可完成的操作次数。也可以比较复杂，比如在预发布服务器群和生产服务器群之间进行成千上万个性能指标测试。

性能测试的失败应该被视为与功能测试失败一样严重的问题，应该被当作必须被修复的重大 Bug（Blocker）。你也许会发现，建立可信赖、可重复的性能测试要比功能测试困难得多。与性能紧密相关的因素太多了，比如机器的状态、同时运行的其他软件、当前进程的历史状态，以及其他大量可变因素。要对付这种可能会混入的干扰因素，有两种基本方法。

1. 排除干扰——用一台干净的机器，测试之前进行重启，控制所有能运行的进程，控制硬件的差异，等等。如果你是在单台机器上进行测试，那么就需要使用这种方法。
2. 进行大范围的测试——如果消除所有干扰是不大现实的，那么就让干扰降低到可以忽略的程度。请进行大面积的测试，直至干扰不再成为重要因素为止。这种大面积的测试代价可能很高，特别是在需要搭建较大型的测试平台（Infrastructure）时。你可能需要几十、几百，甚至几千台机器，才能获得真正统计学意义上的结果。如果你无法增加硬件设备，那么可以增加测试时间，成百上千次地进行测试，但是只增加测试次数无法涵盖很多可变因素。

无论采用哪种方法，你都需要实施 A/B 测试，也就是尽可能在局面可控的情况下比较两个版本的性能。

11.3　性能测试平台和自动化

为了能收集性能数据，你也许需要搭建一些定制化的测试平台、工具和自动化措施。本书已经把所有读取性能指标的工具都介绍过了。幸好几乎所有有用的性能工具都可以以某种脚本化的方式运行。

跟踪性能的方式有很多，你得为自己的产品选择一种最优方案。

- PerfMon——如果所有数据都可由性能计数器表示，并且只在 1 台机器上运行，PerfMon 也许就足以应付了。
- 性能计数器归集——如果程序将在多台机器上运行，你可能需要把性能计数器信息归集到一个数据库中。保存下来的性能数据有利于进行历史分析。
- 基准测试（Benchmark）——应用程序对标准数据集进行处理，性能指标将会和历史结果进行比较。Benchmark 很有用，但因为环境会发生变化，你必须注意历史数据的有效性。Benchmark 偶尔会需要进行微调，也就导致两次结果的比较不再有意义。
- 自动化记录——Perform 会随机记录 CPU 使用和内存分配情况，不管是测试数据还是真实数据。
- 性能数据报警——比如在 CPU 长时间被大量占用时，或者任务队列中的 Task 数量即将增加时，向技术支持团队自动发出报警信息。
- 自动分析 ETW 事件——可以让你知道一些性能计数器无法记录的十分具体的细节。

因为大部分性能维护工作都可以自动完成，性能测试平台的搭建将会在未来获得丰厚回报。良好的测试平台发现并暴露性能问题的时机，能够远远早于任何人工测试。因此测试平台的搭建，通常要比修复某个随机出现的实际性能问题要重要得多。有了良好的测试平台，你再不用为性能问题的不期而遇而担惊受怕了。

搭建性能测试平台最重要的内容就是确定人工参与的程度。如果你和大部分软件工程师一样，那时间总是不够用。依靠人工性能分析就意味着经常会无法完成任务。因此，自动化是提高性能测试效率的秘诀所在。这种先期的投入能够为之后的每一天节省下难以估量的时间。这种省时的良方可以非常简单，比如只是一段运行工具并按照要求生成报告的脚本，但你需要对应用程序的大小进行评估。在数据中心运行的大型服务器应用，就需要采用容错性更高的性能测试平台，分析策略就与桌面端应用不同。

考虑好理想的测试平台之后就可开始构建了。无论是里程碑设置、资源的保障，还是整体设计和代码复查，在所有方面都要视其为头等重要的项目。尽早设法让测试平台投入使用，并逐渐加入自动执行的能力，使得平台能够不断迭代更新。

11.4　只认数据

在很多团队中，性能是事后才考虑的问题，往往只有在性能问题足以严重到影响最终用户后，才会去想办法提高性能。这就意味着会进行点对点的处理（Ad-hoc），基本上会简化为以下对话。

用户：你的程序太慢了！

开发人员：为什么？

用户：我不知道！弄快点吧！

开发人员：（进行一些处理，速度有所提高，也许是吧）

你永远都不希望进行这种对话。无论你的判断如何，请始终让评估出来的数据来说话。让数据把你做过的任何评测完整地保留下来。有了备份下来的数字和图表，我们就有了更多的可信度。当然在公布这些数据之前，你应该确保它们是准确的！

对于评估数据而言，还需要确保你的团队拿到了正式的、实际的、可实现的目标。在上述例子中，唯一的“指标”就是“更快”，这是一个非正式的、模糊的、基本没有价值的目标。请确保你的性能目标是真实而正式的，并让你的各级领导都签字确认。请对指定指标进行交付。要形成一种共识，事后为非正式的性能诉求所累是无法接受的。

关于如何设置性能目标才合适，更多信息请参阅第 1 章。

11.5　有效的代码复查

没有哪个开发人员是无懈可击的，谁都没有那么好的眼力，能让所有代码的质量都大幅提高。所有代码都应该经历几次代码复查（Code Review）过程，可以是通过一种用 email 来比对差异的系统，也可以是全体团队成员参与的正式座谈。

你得明白并非所有的代码都同等重要。让所有代码都维持最高标准的说法也许听着很诱人，但在一开始可能是个难以企及的目标。你可能会考虑对商务影响特别大的代码进行复查，这些代码的功能或性能出现差错会损失真金白银（也许有人会因此丢掉饭碗!）。比如在代码提交之前，你可能需要两名开发人员签字确认，其中 1 个得是高级开发人员或项目问题专家（Subject Matter Expert）。对于大型、复杂代码的复查，请把所有人都集中到一个房间里，带上他们的笔记本电脑，打开投影并开始干活。实际的复查过程可根据你的公司规定、可用资源和企业文化而定，但得建立一套流程，贯彻执行并按需修正。

只对代码的某些特定指标进行重点复查，也许会比较有用，比如功能的正确性、安全性和性能。你可以要求某些人只对自己擅长的领域发表意见。

有效的代码复查并不等于吹毛求疵，编码风格上的差异往往应该被忽略。如果不算什么大毛病，并且还有更为重要的问题需要关注，有时甚至应该把较大问题也一笔带过。如果只是写法与你不同，并不表示代码一定会更糟。最令人沮丧的事情莫过于，代码复查时陷入了对棘手的多线程代码的分析，或者把所有时间都耗在了争论注释的语法及其他琐事上。绝不能容忍这种浪费时间的现象发生。请把代码复查应有的目标设定好，并强制推行下去。如果确实存在有悖于标准规范的问题，不要忽略掉，但首先应集中精力对付重要的问题。

此外，请勿接受没有说服力的辩解，比如“好吧，我知道那行代码效率不高，但这对整体的架构设计有影响么？”。对这种问题的最好回应就是：“你是在问你自己能否容忍自己的代码有多糟糕吗？”。你确实需要权衡一下，是该小事化了，还是必须建立一种性能至上的企业文化，这样以后开发人员就能自动地踏上正轨。

最后一点，不要纠结于完整代码的“所有权”问题。每个人都应该把自己当成整个产品的主人。完全独立、相互竞争的自由王国是不存在的，无论最初的作者是谁，都不应该对“自己的”代码进行过度的保护。为了能顺利进行质量把关和代码复查，每段代码都得有主，这没问题。但是每个人都应该觉得，自己有权利改进任何一段代码的性能。请大家克制一下自我意识。

11.6　训练

性能至上的理念需要进行训练。可以是非正式地从团队里的专家或书本（比如本书）中学习，也可以是正式的、来自该领域知名教师的付费课程。

请记住，只要开始有强烈的性能需求，即便是懂得.NET 编程的人也需要改变编码习惯。同样，精通 C 或 C++的人也需要理解，在 C#中实现高性能的规则往往与他们在本机代码中的思路完全不同，还有可能是背道而驰。

要做出改变可能是困难的，大部分人都会抗拒改变，因此在试图推行新的做法时请最好保持警惕。让领导支持你的想法当然也是很重要的。

如果你想与同事一起开始讨论程序性能问题，以下是几点建议：

1. 在午餐培训时间（Brown Bag Lunch）主持会议，与大家分享你的知识。
2. 发起一个内部或公开的博客，分享你的知识，或者是对产品中被你发现的性能问题展开讨论。
3. 从团队中挑选一名成员，负责性能方面的日常代码复查。
4. 用简单的基准测试或者概念证明（proof-of-concept），演示性能提升带来的好处。
5. 将一些人任命为性能专员，对性能进行掌控、进行代码复查、训练其他成员进行良好的实践，并使其位于行业变革和尖端技术的前沿。如果你都读到了这里，说明你已经自愿接受这种做法。
6. 让部分代码的性能获得提升。提示：最好是从你自己的代码开始！
7. 让本书人手一册，由公司买单。(厚着脸皮做下广告！)

11.7　小结

如果要在团队中树立性能意识，请从小处着手。先从你自己的代码开始，用一段时间来了解存在性能问题的真实位置。要培养一种态度，性能缺陷和功能错误一样重要。尽可能让性能测试过程自动化，以减轻团队人员的负担。用实实在在的数据来评判性能指标，而不要靠直觉或是主观感受。

建立一种有效的代码复查氛围，鼓励采用优良的编码风格，把关注的重点放到真正的问题上去，让代码的所有权归于整个团体。

你得承认要做出改变是困难的，需要保持警惕。即便是熟悉.NET 的人也需要改变自己的编码方式。熟悉 C++和 Java 的人不一定就是现成的.NET 编程高手。

请设法尽快启动日常的性能问题讨论，发掘或培养出众多的专家，让本书的理念发扬光大。

附录 A 尽快启动对应用程序的性能讨论

本书讨论了应用程序可能出现的几百个问题。如果你现在就想开始分析自己的程序，以下列出了操作大纲。

定义指标

在开始分析之前，你需要定义性能指标的类型。是 CPU 占用率、内存占用率，还是操作速度？要尽可能地定义详细一些，对每个指标都要有详细的目标。

分析 CPU 占用情况

- 用 PerfView 或者 Visual Studio 的 Standalone Profiler 获取 CPU 跟踪数据。
- 对显示出来的函数调用栈进行分析。
- 数据处理过程耗费时间是否过长？
  - 能修改数据结构以减少处理时间么？比如用简单的二进制序列化格式替换 XML 解析。
  - 有性能更好的 API 可替换么？
  - 能用 Task 或 Parallel.For 并行处理么？

分析内存占用情况

- 采用正确的垃圾回收模式：
  - 服务器模式——你的应用程序是机器上唯一重要的应用，需要延迟最低的垃圾回收。
  - 工作站模式——你的应用程序带有 UI，或者与其他的重要进程共用一台机器。
- 用 PerfView 跟踪内存的使用情况：
  - 检查顶层的分配——是否符合预期且可被接受？
  - 密切关注大对象的分配。
- 如果第 2 代垃圾回收过于频繁：
  - 是否发生大量的 LOH 分配？设法去掉这些对象，或者进行池化。
  - 对象的内存“代数”有否获得提升？缩短对象的生存期以便通过低代垃圾回收进行清理。按需分配对象并在不用时及时设置为 null。

    - 如果对象存活太久，就进行池化。
- 如果第 2 代垃圾回收耗时太久：
  考虑使用 GC 通知，以便在即将发生垃圾回收时获得消息，趁机停止程序的处理。
- 如果第 0/1 代的垃圾回收过于频繁：
    - 查看跟踪日志中内存分配量最多的部分，设法减少分配需求。
    - 尽量缩短对象的生存期。
- 如果第 0/1 代的垃圾回收导致的暂停响应时间过长：
    - 减少内存分配总量。
    - 尽量缩短对象的生存期。
    - 对象是否被固定住了？尽可能消除这些对象，或者缩小固定对象的作用域。
    - 移除对象间的相互引用，降低对象的复杂度。
- 如果 LOH 不断增大：
    - 用 Windbg 或 CLR Profiler 检查内存段。
    - 定期对 LOH 堆进行碎片整理。
    - 检查对象池是否无节制地增长。

分析 JIT

- 如果启动时间较长：
    - 是否真的是因为 JIT？更为常见的原因是正在加载数据。
    - 用 PerfView 找出 JIT 编译时间较长的方法体。
    - 用 Profile Optimization 加速程序启动时的 JIT 过程。
    - 考虑使用 NGEN。
- 分析结果中是否出现了本应进行内联编译的方法体？
  查看被阻止内联的这些方法，被阻的原因可能是因为循环、异常处理、递归等。

分析异步执行性能

- 用 PerfView 确定是否有大量的竞态存在。
    - 通过重构代码，减少锁的需求，以减少竞态。
    - 必要时使用 Interlocked 的方法或混合锁。
- 用 PerfView 捕获 Thread Time 事件，检查耗时情况。分析代码，确保线程不会阻塞在 I/O 上。
    - 你也许得对程序作出重大改进，在各个层级增加异步执行程度，以避免 Task 或 I/O 的等待。

  - 确保使用了异步的流 API。
- 程序在启用线程池之前是否得等待一段时间？这有可能表现为启动过程比较缓慢，几分钟之内无法投入使用。

  确认线程池的最小线程数参数是否满足需要。

附录 B　大 O 表示法

大 O 表示法，也被称为渐进表示法，是一种基于数据量来对算法性能进行统计的方法。数据量通常设为 n。算法的“大 O”值常常指的是复杂度。这里的“渐进”一词，用于描述函数在输入数据量趋近于无穷大时的表现。

举个例子，假设有个无序数组中包含了某个需要检索的值。因为是无序的，我们不得不检索每个成员，直至找到所需值。如果数组的大小为 n，最坏情况下我们需要检索 n 个成员。因此我们就说，线性查找算法的复杂度为 O(n)。

上述只是最坏情况。平均起来，线性查找算法需要查找 n/2 个成员，因此我们可以更精确地说该算法的平均复杂度为 O(n/2)，但考虑到因子（n）会变得很大，这其实算不上什么明显的进步。因此就放弃了多个常量的表示法，复杂度就是 O(n)。

大 O 表示法表现为 n 的函数表达式，这里的 n 是样本数量，视算法和数据结构而定。对于集合而言，可以是集合成员的数量。对于字符串查找算法而言，则可能是字符串的长度。

大 O 表示法关注的是，随着输入数据的大量增加，算法的执行时间如何增长。在我们的数组查找示例中，我们认为如果数组长度翻倍，查找的时间也翻倍。说明该查找算法的性能是线性增长的（Linear Performance）。

如果算法复杂度为 $O(n^2)$，那表现就不如线性性能了。如果输入的数据翻倍，那么执行时间就会是 4 倍。如果数据增加为 8 倍，那么执行时间将增加到 64 倍。这种算法的复杂度表现为二次方，冒泡排序算法就是个很好的例子。实际上大部分简单排序算法（Naïve Sorting Algorithm）的复杂度都是 $O(n^2)$）。

```
private static void BubbleSort(int[] array)
{
 bool swapped;
 do
 {
   swapped = false;
   for (int i = 1; i < array.Length; i++)
   {
     if (array[i - 1] > array[i])
     {
       int temp = array[i - 1];
       array[i - 1] = array[i];
       array[i] = temp;
       swapped = true;
     }
   }
```

```
    } while (swapped);
  }
```

只要看到嵌套循环，那这种算法的复杂度就非常可能会是二次方或二次多项式（也许更糟）。在冒泡排序算法中，外层循环可能会执行 n 次，而内层循环每次迭代时最多会遍历 n 个成员。O(n * n) == O(n)。

在分析自己的算法时，你的结果可能会是一个包含多个因子的公式，比如 $O(8n^2 + n + C)$（包括 8 倍的二次方部分、线性部分和常数部分）。大 O 表示法的目标是只保留影响最大的因子，常数倍数将被省略，因此这个算法将被视为 $O(n^2)$。同时还请记住，大 O 表示法关注的是数据量接近无限时的时间增长情况。尽管 $8n^2$ 是 n^2 的 8 倍大，但还是无法与 n^2 因子的增大程度相提并论。当 n 很大时，n^2 的影响远远盖过了其他因子。如果 n 比较小，O(n log n)、$O(n^2)$、和 O(2n)之间的差异也就微不足道了。

很多算法都有多个输入因子，复杂度用两个变量表示，如 O(mn)或 O(m+n)等。例如很多图论算法的复杂度就与边和顶点的数目相关。

最常见的复杂度有以下几类：

- O(1)——常量——执行时间和输入的数据量无关。很多哈希表的复杂度就为 O(1)。
- O(log n)——对数关系——执行时间随一部分输入数据量增长。只要算法在每次迭代时都把目标减半，就表现为对数复杂度。请注意这里的 log 底数并不确定。
- O(n)——线性关系——执行时间随输入数据量线性增长。
- O(n log n)——对数线性关系——执行时间为准线性关系，也就是说主要受线性因子控制，但得乘上一部分输入数据量。
- $O(n^2)$——二次方关系——执行时间随输入数据量的平方而增长。
- $O(n_c)$——多项式关系——C 大于 2。
- $O(c_n)$——指数关系——C 大于 1。
- O(n!)——阶乘关系——基本上就是穷举了。

算法复杂度通常用于描述平均和最差情形下的性能。对于大部分算法而言，最佳情形可能带有运气因素，所以最佳性能并不十分受关注。对于我们的分析示例而言，线性查找的最佳性能为 O(1)，可这真没什么意义，因为这说明只是走了好运（第 1 个成员就是我们要找的）。

图 B-1 显示了执行时间随数据量的增大而增长的情况。请注意 O(1)和 O(log n)之间的差异，即便在数据量相对较大时都不是很明显。除了数据量最少的场合之外，复杂度为 O(n!)的算法几乎毫无用处。

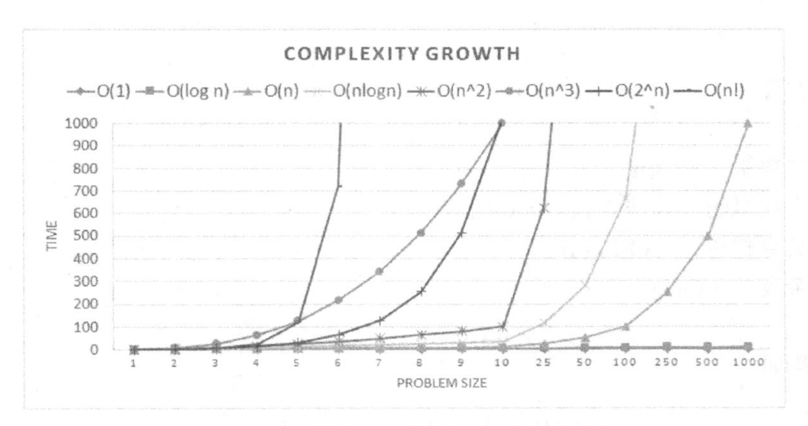

图 B-1　执行时间随数据量的增大而增长

虽然时间复杂度是最为常用的判断复杂程度的维度，但是空间（内存占用量）复杂度也可以用同样的方法进行分析。

常见算法及其复杂度

排序算法

- 快速排序——O(n log n)，最差情况下是 $O(n^2)$。
- 归并排序——O(n log n)。
- 堆排序——　O(n log n)。
- 冒泡排序——$O(n^2)$。
- 插入排序——$O(n^2)$。
- 选择排序——$O(n^2)$。

图论算法

- 深度优先遍历（Depth-first Search）——O(E+V)（E=边，V=顶点）。
- 广度优先遍历（Breadth-first Search）——O(E+V)。
- 最短路径（Shortest-path）（使用最小堆算法）——O((E+V)log V)。

查找算法

- 无序数组——O(n)。
- 有序数组的二分法查找——O(log n)。
- 二叉查找树——O(log n)。
- 哈希表——O(1)。

特殊案例

- 货郎担问题（Traveling Salesman）——O(n!)。

O(n!)通常只是“暴力穷举”的缩写而已。

附录 C 参考文献

参考书籍

- 《Advanced .NET Debugging》，Mario Hewardt 和 Patrick Dussud 著，Addison-Wesley Professional，2009 年 11 月。
- 《CLR via C#》第 4 版，Jeffrey Richter 著，Microsoft Press，2012 年 11 月。
- 《Windows Internals》第 6 版，Mark Russinovich、David A.Solomon 和 Alex Ionescu 著，2014 年 5 月。
- ECMA C#和 CLI 标准[1]：http://www.writinghighperf.net/go/17，Microsoft，采自 2014 年 5 月。

相关人士及博客

除了上述书籍之外，还有以下人士的个人博客或论文可供学习。

- Maoni Stephens ——《CLR developer and GC expert》。她的博客 http://blogs.msdn.com/b/maoni/现在不更新了[2]，但仍有很多有用的信息在上面。
- Vance Morrison ——《.NET Performance Architect》。博客位于 http://blogs.msdn.com/b/vancem/
- MSDN Magazine——http://msdn.microsoft.com/magazine。这里有大量深入探讨 CLR 内部世界的精彩文章。
- .NET Framework Blog——官方公告及深度好文，尽在 http://blogs.msdn.com/b/dotnet/。

---

① 原书链接已失效，新的链接为：https://www.visualstudio.com/license-terms/ecma-c-common- language-infrastructure-standards/

② 其实 Maoni's WebLog 一直有更新，只是 2011～2013 间每年只有一篇博文而已。

欢迎来到异步社区！

异步社区的来历

异步社区（www.epubit.com.cn）是人民邮电出版社旗下 IT 专业图书旗舰社区，于 2015 年 8 月上线运营。

异步社区依托于人民邮电出版社 20 余年的 IT 专业优质出版资源和编辑策划团队，打造传统出版与电子出版和自出版结合、纸质书与电子书结合、传统印刷与 POD 按需印刷结合的出版平台，提供最新技术资讯，为作者和读者打造交流互动的平台。

社区里都有什么？

购买图书

我们出版的图书涵盖主流 IT 技术，在编程语言、Web 技术、数据科学等领域有众多经典畅销图书。社区现已上线图书 1000 余种，电子书 400 多种，部分新书实现纸书、电子书同步出版。我们还会定期发布新书书讯。

下载资源

社区内提供随书附赠的资源，如书中的案例或程序源代码。

另外，社区还提供了大量的免费电子书，只要注册成为社区用户就可以免费下载。

与作译者互动

很多图书的作译者已经入驻社区，您可以关注他们，咨询技术问题；可以阅读不断更新的技术文章，听作译者和编辑畅聊好书背后有趣的故事；还可以参与社区的作者访谈栏目，向您关注的作者提出采访题目。

灵活优惠的购书

您可以方便地下单购买纸质图书或电子图书，纸质图书直接从人民邮电出版社书库发货，电子书提供多种阅读格式。

对于重磅新书，社区提供预售和新书首发服务，用户可以第一时间买到心仪的新书。

用户账户中的积分可以用于购书优惠。100 积分 =1 元，购买图书时，在 0 使用积分 里填入可使用的积分数值，即可扣减相应金额。